Plantas que curan

La nueva gran guía de las plantas medicinales

Plantas que curan

Director editorial: Josan Ruiz
Coordinación y textos: Jordi Cebrián
Revisión técnica: Josep Lluís Berdonces
Asesoría: el Manantial de Salud
Director de arte: Pau Medrano
Diseño y maquetación: Carlos Edo
Diseño de cubierta: La Page Original

Primera edición publicada por la revista *CuerpoMente*

Pérez Galdós, 36 – 08012 Barcelona

Ref: GO-62 / ISBN: 84-7901-706-6
Depósito legal: B-10.152-2001
Impresión y encuadernación: BIGSA
Fotomecánica: Aura Digit

Sumario

El laboratorio de la naturaleza

Hace milenios que las plantas nos alimentan y nos ayudan a restablecer la salud y prevenir la enfermedad. En ellas se han identificado ya 12.000 principios activos, y la mitad de los fármacos actuales derivan de ellas.

Las plantas actúan como *minilaboratorios* químicos. A partir de dos sustancias inorgánicas como son el agua, que absorben del suelo, y el dióxido de carbono, que captan del aire, son capaces de producir glucosa a través de un proceso químico llamado **fotosíntesis.** Esta reacción química es posible gracias a un pigmento verde que únicamente se encuentra en las plantas, la **clorofila**, capaz de captar la **energía** del sol y transformar la materia inerte en materia viva. Por este proceso químico, del agua, el dióxido de carbono y la luz solar se obtiene glucosa y a partir de ésta, almidón, base de la vida química en el planeta. La glucosa, el almidón y otras sustancias vegetales se combinan con las sales minerales absorbidas por las raíces, lo que permite a las plantas sintetizar diversos **principios activos**. Queda mucho por investigar en este campo. Hasta ahora se han identificado más de 12.000 principios activos, sustancias medicinales presentes en las plantas, responsables directos de su acción medicinal.

Azúcares y aceites esenciales

Los **azúcares** se encuentran sobre todo en los frutos, y los más comunes son la glucosa, la fructosa y la sacarosa. Son utilizados como fuente de energía básica por los organismos y proporcionan 4 calorías/gramo. Los **mucílagos** son unas sustancias con consistencia mucosa que absorben agua con facilidad. Ello les confiere la virtud de lubricar y proteger las mucosas del aparato digestivo o la piel, evitando la irritación, la inflamación y la acidez.

Los **aceites fijos** son sustancias grasas líquidas que se extraen prensando en frío los frutos y semillas de diversas plantas. Los aceites esenciales, obtenidos por destilación, confieren el aroma característico a las plantas y presentan una acción antibiótica.

Vitaminas y **minerales** están presentes en gran proporción en las plantas. Las plantas son la principal fuente de vitaminas para el organismo, que no puede producirlas por sí solo, a pesar de ser indispensables para su desarrollo.

Alcaloides y glucósidos

Los **alcaloides** son sustancias nitrogenadas, que pueden mostrarse muy activas a pequeñas dosis. Los **glucósidos**, por su parte, son componentes muy activos, compuestos de una parte azucarada y de otra que no lo es, que recibe el nombre de genina.

Existen diferentes tipos de glucósidos, como las **antocianidinas**, que muestran una acción antiinflamatoria y vasoprotectora; las **antraquinonas**, que ejercen su acción sobre los intestinos; los **glucósidos cardiacos**, con una acción directa sobre el corazón; y los **glucósidos cianogenéticos**, que en

PLANTAS RICAS EN PRINCIPIOS ACTIVOS

ACEITES VOLÁTILES: Angélica, caléndula, eucalipto, hipérico, lúpulo, manzanilla, melisa.
ÁCIDOS ORGÁNICOS: Borraja, grosellero negro, onagra, sauce blanco.
ALCALOIDES: Amapola, avena, boldo, hidrastis.
ALMIDÓN: Avellana, castaña, maíz.
AZÚCARES: Arándano, frambueso, madroño, manzano.
CUMARINAS: Apio, hinojo, meliloto, viburno.
FLAVONOIDES: Abrótano hembra, bolsa de pastor, cardo mariano, espino albar.
GLUCÓSIDOS: Aloe, damiana, rosal silvestre, ruibarbo chino, salvia, saúco.
MINERALES: Ajenjo, alcachofera, bolsa de pastor, cola de caballo, diente de león.
MUCÍLAGOS: Amapola, gordolobo, llantén mayor, malvavisco, pulmonaria, tusílago.
SAPONINAS: Gordolobo, regaliz, saponaria.
TANINOS: Abedul, agrimonia, bistorta, hamamelis, madroño, nogal, ulmaria.
VITAMINAS: Alfalfa, frambueso, ginseng, limonero, ortiga mayor, paciencia.

pequeñas dosis tienen un efecto sedante y antiespasmódico, pero en dosis altas pueden ser tóxicos. La función más destacada de los **flavonoides** es que refuerzan la pared de los capilares y de las venas, y que tienen la capacidad de proteger de muchas enfermedades de tipo degenerativo, siendo muy útiles para mantener una buena circulación sanguínea. Otros glucósidos presentes en las plantas son las **saponinas**, dotadas de potencial expectorante y diurético, y las **cumarinas**, con efectos anticoagulantes, venotónicos y antiespasmódicos.

Los **taninos** se localizan principalmente en las cortezas y tienen un fuerte efecto astringente y antihemorrágico, favoreciendo la reducción de las inflamaciones y la cicatrización de las heridas. Muchas plantas son también ricas en **ácidos grasos esenciales**. Existen de diferentes tipos como los ácidos oxálicos, los ácidos grasos poliinsaturados (linoleico y gamma-linolénico), de vital importancia en el proceso de la inflamación y la inmunidad.

LAS VENTAJAS DE LAS PLANTAS

De la naturaleza emana la vida a cada instante, y en la propia naturaleza encontramos la manera más limpia y segura de preservarla. Del conocimiento meticuloso de las hierbas medicinales que encontraban en su entorno consiguieron nuestros antepasados remedios muy diversos para enfrentarse a las dolencias y aflicciones que más les atormentaban. La medicina ha evolucionado de manera imparable, pero una gran parte de los medicamentos modernos están basados en componentes aislados de plantas medicinales. Y muchas nuevas y viejas dolencias que afectan a la humanidad podrían probablemente hallar su curación a través de plantas que todavía no han sido exploradas, como las que atesoran las selvas tropicales. Sin desmerecer la eficacia y conveniencia de muchos fármacos químicos, las plantas medicinales cuentan con una serie de ventajas innegables a su favor, que resumimos en este cuadro:

■ **ACCIÓN GLOBAL SOBRE EL ORGANISMO:** Las plantas medicinales pueden ejercer una acción global sobre el organismo con mejor tolerancia que los fármacos a causa de la interacción entre sus diferentes principios activos.

■ **EFECTO DURADERO:** Debido a su mejor tolerancia, los tratamientos con plantas medicinales pueden tomarse durante periodos largos.

■ **MAYOR EFECTO PREVENTIVO:** Las plantas medicinales tienden a estimular una acción de protección y regulación de las funciones defensivas del organismo, protegiéndole de los agentes externos.

■ **MENORES EFECTOS SECUNDARIOS:** Probadas durante milenios, muchas veces el efecto de las hierbas medicinales puede ser más suave o progresivo que el obtenido con medicamentos de síntesis, con el aliciente de presentar escasos riesgos de efectos secundarios o secuelas.

■ **POSIBILIDAD DE TRATAMIENTOS MÁS LARGOS:** Como consecuencia de los dos puntos anteriores, las hierbas permiten tratamientos más duraderos, contribuyendo a conseguir un tratamiento más óptimo.

■ **ACCIÓN POLIVALENTE:** A diferencia de los medicamentos, que son prescritos para una dolencia muy específica, las plantas, a causa de sus múltiples propiedades, pueden actuar sobre diferentes dolencias al mismo tiempo.

■ **COMPLEMENTO SEGURO:** Las plantas además pueden y deben servir de complemento a tratamientos con medicamentos convencionales.

Cómo se preparan las plantas

Infusiones, tinturas, decocciones, en gargarismos, enjuagues, cataplasmas o baños, las plantas tienen muy diversas aplicaciones.

Algunas plantas transmiten su fuerza reparadora simplemente a través del contacto directo con la piel, como la pulpa del aloe, o digeridas crudas, como ocurre con las bayas de arándano, el ajo o las fresas. Pero en muchas ocasiones para tomarlas necesitaremos someterlas a un proceso de preparación más o menos complejo, con el cual estaremos en disposición de extraer lo mejor de cada una. Infusiones, decocciones, jarabes, tinturas, cápsulas y gotas, compresas y cataplasmas... cada preparación, por sencilla que parezca, tiene sus secretos, y es preciso conocerlos para que en el proceso no perdamos ni un ápice del potencial curativo de cada planta.

INFUSIONES

Es la forma más sencilla de preparar una tisana con **hojas** y **flores** de plantas delicadas o aromáticas. Como en toda tisana, se pueden mezclar varias plantas medicinales en un mismo remedio para reforzar su acción curativa y complementar sus virtudes.

1. Colocamos la hierba en una tetera o una taza y la llenamos de agua recién hervida.

2. Cubrimos la taza con una tapadera y la dejamos reposar de 5 a 10 minutos.

Cantidad: 1 cucharadita de hierbas secas o 2 de hierbas frescas por taza de agua.

Dosis: De 3 a 4 por día. Inferior en niños o personas de edad avanzada.

Conservación: En el frigorífico o en un lugar fresco, tapado, hasta 24 horas.

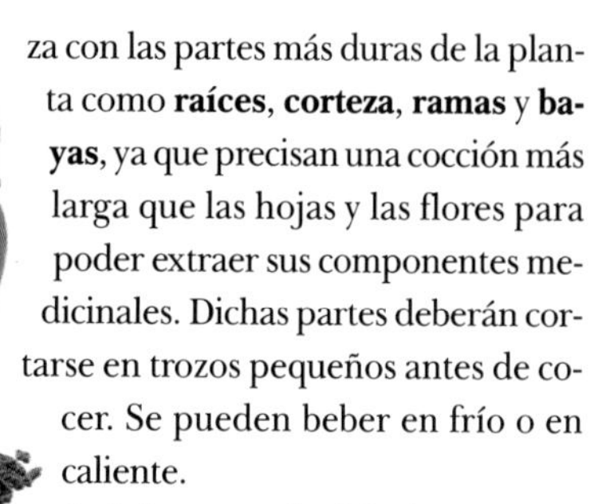

DECOCCIONES

La decocción consiste en poner la planta a hervir durante 5 a 10 minutos. Se utiliza con las partes más duras de la planta como **raíces**, **corteza**, **ramas** y **bayas**, ya que precisan una cocción más larga que las hojas y las flores para poder extraer sus componentes medicinales. Dichas partes deberán cortarse en trozos pequeños antes de cocer. Se pueden beber en frío o en caliente.

1. Colocamos las hierbas en una cacerola, cubrimos con agua fría y lo cocemos a fuego lento durante aproximadamente 20-30 minutos

2. Filtramos el líquido y servimos la cantidad que vamos a utilizar, reservando el resto tapado en un lugar fresco.

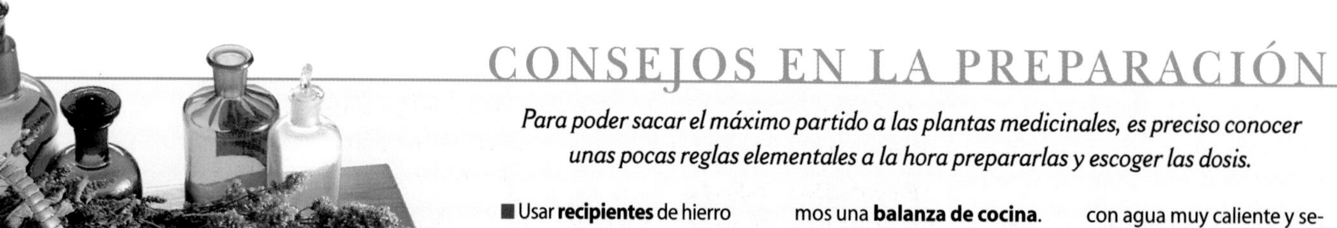

CONSEJOS EN LA PREPARACIÓN

Para poder sacar el máximo partido a las plantas medicinales, es preciso conocer unas pocas reglas elementales a la hora prepararlas y escoger las dosis.

■ Usar **recipientes** de hierro fundido esmaltados, de vidrio, cerámica o acero inoxidable. Las **paletas** deben ser de madera o acero y los **coladores** de plástico o nylon. No es recomendable el uso de cazos de aluminio ya que muchas plantas lo pueden disolver.

■ Para pesar las plantas necesitaremos una **balanza de cocina**. Las electrónicas son las más precisas.

■ Para **conservar** las preparaciones durante mucho tiempo, es preferible el cristal y debemos evitar el plástico. Todos los utensilios que vamos a utilizar para el almacenamiento deben ser de vidrio y cuidadosamente lavados con agua muy caliente y secados en el horno. No debemos olvidar etiquetarlos para evitar confusiones.

■ Hay que tener en cuenta que las dosis para **niños** o personas de **edad avanzada** deben ser inferiores a las indicadas. En el caso de mujeres **embarazadas** hay que evitar las tinturas alcohólicas.

Cantidad: 20 g de hierba seca o 40 g de fresca por 750 ml de agua que se reducirá a unos 500 ml después de hervir.
Dosis: De 3 a 4 por día.
Conservación: En el frigorífico o en un lugar fresco, tapado, hasta 48 horas.

MACERACIÓN

A menudo el calor elimina los principios activos de las plantas. Para evitarlo, se puede recurrir a la maceración en frío.

1. Echamos 25 gramos de la planta seca en un cazo.
2. Añadimos medio litro de agua fría y dejamos reposar durante toda la noche en un lugar fresco.
3. Al día siguiente, colamos.

ACEITES

Los principios activos de las plantas, solubles en grasas, se pueden extraer en aceite por maceración en frío o decocción en caliente. No debemos confundir estos aceites con el aceite esencial, que es un componente de la planta con propiedades específicas.

■ Preparación en caliente:

1. Colocar las plantas con el aceite en un bol de cristal al baño maría. Cubrir y dejar a fuego lento durante dos o tres horas.
2. Dejar enfriar y filtrar a través de una bolsa de muselina colocada en una prensa. Recoger en una jarra el aceite colado y exprimir la bolsa.
3. Verter el aceite en botellitas de cristal, tapar y etiquetar.

■ Maceración de aceite en frío.

Es un proceso lento, indicado especialmente para las partes más delicadas de la planta como son las flores. El aceite de oliva o de almendras dulces resulta idóneo para este tipo de maceraciones en frío.

1. Colocar las plantas en un tarro de cristal cubiertas totalmente por el aceite. Tapar, agitar bien y dejarlo reposar 2-4 semanas.
2. Colar a través de una bolsa de muselina dispuesta en algún tipo de prensa. Exprimir bien la bolsa para filtrar todo el aceite.
3. Guardar en botellas de cristal oscuro y etiquetar.

PREPARACIONES EN ACEITE

Para evitar que pierdan sus propiedades es preciso conservar estas preparaciones en frascos de cristal oscuro.

Cantidad: 250 g de hierba seca o 500 de fresca por 750 ml de aceite de oliva o girasol.
Conservación: Pueden durar hasta un año aunque es recomendable usarlo antes de 6 meses.

COMPRIMIDOS Y PERLAS
Una forma rápida de aprovecharse del poder curativo de las plantas es a través de extractos secos o fluidos contenidos en pastillas o perlas.

CÁPSULAS Y POLVOS

Las plantas pueden tomarse en forma de polvo para añadir a los alimentos o en forma de cápsulas. Para uso externo pueden ser aplicadas sobre la piel o mezcladas con tintura para los emplastos. La preparación de las cápsulas es una tarea reservada a profesionales, que debe ser realizada en condiciones adecuadas en laboratorios.
Cantidad: 290-375 mg de polvo en cápsulas del tamaño 00.
Dosis: 2 cápsulas 2-3 veces al día.
Conservación: En recipientes herméticos de cristal, y se deben conservar en un lugar fresco hasta 3-4 meses.

JARABES

Se preparan combinando infusiones o decocciones con miel o azúcar integral de caña. Además de ayudar a la conservación de los principios activos y disimular el mal sabor de algunas plantas, calman las mucosas, lo que les convierte en un vehículo ideal para determinados problemas como la tos o la irritación de garganta.

Para aprovechar al máximo su acción medicinal, las infusiones y decocciones los elaboraremos en un tiempo superior al habitual. Dejaremos reposar las infusiones 15 minutos y mantendremos la decocción a fuego lento 30 minutos
1. Vertemos la infusión o la decocción en un cazo y añadimos la miel o el azúcar. Calentamos, removiendo constantemente, hasta que se hayan disuelto por completo, y dejamos que se enfríe.
2. Con la ayuda de un embudo, vertemos el líquido en recipientes de cristal, que sellaremos con tapón de corcho o hermético y lo mantendremos en un lugar fresco y oscuro.
Cantidad: 500 ml de infusión o decocción con 500 g de miel o azúcar sin refinar.
Dosis: 1 o 2 cucharaditas 3 veces al día.
Conservación: En un lugar fresco hasta 3 meses.

COMPRESAS Y LOCIONES

La lociones son preparados a base de agua, como infusiones o decocciones, que sirven para calmar una piel inflamada. La compresa se utiliza para aplicar la loción externamente.
1. Empapar un paño con la loción.
2. Aplicar la compresa sobre la piel, que habremos untado antes con aceite de almendras dulces.
Cantidad: 500 ml de infusión o 25 ml de tintura en medio litro de agua.
Aplicación: Disponer la compresa en frío o en caliente según el caso. Dejarla 1-2 horas y repetir cuantas veces sea necesario.
Conservación: En la nevera en botellas de cristal tapadas hasta 2 días.

GARGARISMOS Y ENJUAGUES

Pueden hacerse con infusiones, decocciones o tinturas diluidas. En el primer caso, la dejaremos reposar unos 15 minutos para aumentar su concentración. La tintura deberá ser diluida en una proporción de 5 ml por 100 ml de agua caliente. En uso externo dispondremos tres o cuatro más de planta que en una tisana para beber.

CONSEJOS EN LA RECOLECCIÓN

Muchas de las plantas medicinales crecen de manera más o menos abundante en nuestro entorno natural. Si queremos recolectarlas es preciso no olvidar ciertas reglas elementales:

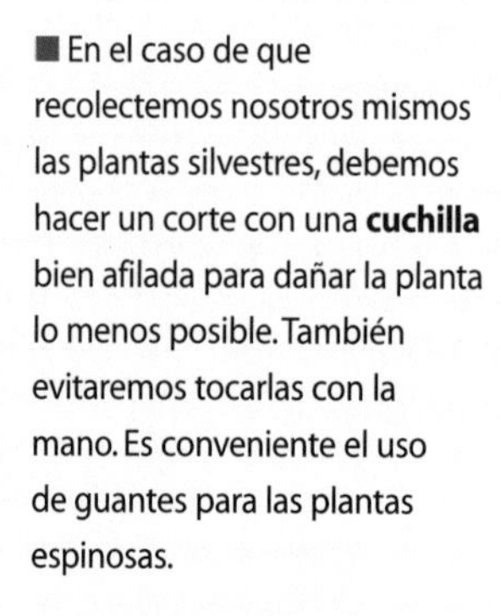

- En el caso de que recolectemos nosotros mismos las plantas silvestres, debemos hacer un corte con una **cuchilla** bien afilada para dañar la planta lo menos posible. También evitaremos tocarlas con la mano. Es conveniente el uso de guantes para las plantas espinosas.
- Hemos de asegurarnos de que cogemos la planta correcta ya que algunas son muy parecidas. Una **guía** de botánica nos ayudará a identificarlas.
- Hemos de intentar **no mezclar** las plantas para evitar posteriores confusiones.
- Desechar las plantas **estropeadas** o con señales de insectos.
- **Evitar** recoger plantas cerca de focos de contaminación, como bordes de carreteras, fábricas, vertederos o lugares donde se haya fumigado.
- Elija la **parte** adecuada de cada planta según el uso que le vaya a dar.
- **Recoja sólo** las plantas que vayan a ser utilizadas, ya que sus principios activos pierden efecto con rapidez.
- Antes de arrancar una planta debemos **asegurarnos** de que no es muy escasa en la zona. Podemos servirnos de una guía botánica para saber qué especies están en riesgo de extinción.

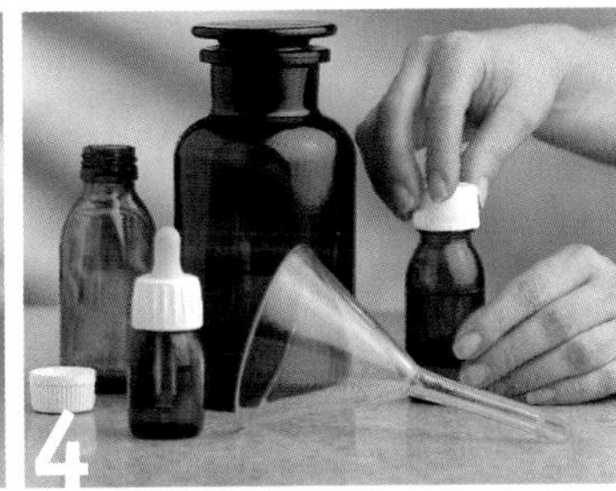

TINTURAS

Consiste en dejar la planta en maceración en alcohol. La acción resultante es en general **más potente** que las infusiones y las decocciones. Una tintura puede durar hasta 2 años ya que el alcohol actúa como conservante. Hay que vigilar la dosis recomendada por su contenido alcohólico. El alcohol de quemar, alcohol metílico, o el de farmacia, con ftalatos añadidos, pueden ser tóxicos. El alcohol etílico, de vino, o el de vodka (con 35-40 % de alcohol) es el más adecuado, por no contener aditivos. Por su parte, mucha gente se decanta por el ron porque disimula mejor el sabor desagradable o acre de algunas plantas.

1. Como primer paso, se trituran las plantas con la ayuda de un molinillo.

2 Se pone la planta triturada en un frasco de cristal, y se vierte alcohol hasta que la cubra. Se cierra y etiqueta el frasco, se agita vivamente durante 1-2 minutos, y a continuación se guarda en algún lugar oscuro y fresco de 10 a 14 días, agitándolo cada día o dos días.

3. Se coloca una bolsa de muselina en el interior de una prensa y se vierte sobre ella la mezcla. Se procede a prensar lentamente para extraer el líquido y verterlo en una jarra.

4. Se vierte la tintura con un embudo en botellas de cristal oscuro previamente esterilizadas y se sellan con tapón de corcho o de rosca. No hay que olvidarse de etiquetarlas.

Precauciones: En enfermos del hígado, embarazadas y alcohólicos rehabilitados se tendrá que vigilar el contenido alcohólico, y en general es preferible no sobrepasar las dosis indicadas.

Cantidad: 200 g de planta seca o 300 g de planta fresca cortada en trozos pequeños por cada litro de alcohol.

Dosis: 1 cucharadita diluida en 25 ml de agua o zumo para tomar 2 o 3 veces al día. No más de 20 gotas para niños menores de siete años.

Conservación: En un lugar fresco y seco hasta 2 años.

TINTURAS COMERCIALES

En el mercado se encuentra una variada gama de productos preparados de tinturas con plantas medicinales.

CREMA DE CALÉNDULA
Cremas y pomadas son las formas más adecuadas para aplicar sobre las afecciones de la piel, como la milagrosa crema de caléndula.

CREMAS O POMADAS

La crema es una mezcla de agua con grasas o aceites. Es absorbida por la piel, resultando calmante y refrescante. A veces es difícil conseguir una emulsión adecuada, por lo que las cremas caseras no suelen tener la misma contextura que las obtenidas en laboratorio.

1. Fundir cera emulsionante en un bol de cristal al baño maría. Añadir glicerina, agua y las hierbas, removiendo continuamente con una cuchara de madera. Mantener 3 horas a fuego lento.

2. Filtrar la mezcla a través de una muselina colocada en una prensa. Ir removiendo hasta que se enfríe.

3. Colocar la crema en frascos de cristal, cerrar bien y etiquetar.

Cantidad: 30 g de planta seca o 75 de fresca, 150 g de cera emulsionante, 70 g de glicerina y 80 ml de agua.

Aplicación: 2-3 veces al día.

Conservación: En el frigorífico en frascos de cristal tapados hasta 3 meses.

UNGÜENTOS

Son aceites o grasas y, a diferencia de las cremas, no contienen agua. No son absorbidos por la piel, forman una capa protectora sobre ella aportando ingredientes medicinales.

1. Fundir vaselina o cera en un bol al baño maría. Añadir las plantas picadas y calentar a fuego lento durante 15 minutos removiendo constantemente.

2. Filtrar a través de una bolsa de tamizar fijada a una jarra con una goma y exprimir todo lo posible.

3. Verter el ungüento en frascos de cristal antes de que se solidifique. Colocar las tapas encima y, cuando se enfríe, apretarlas y etiquetar.

Cantidad: 60 g de hierba seca o 150 de fresca con 500 g de vaselina o parafina.

Aplicación: 3 veces al día.

Conservación: En frascos de cristal tapados hasta 3 meses.

UNGÜENTO
Para reblandecerlos, los ungüentos se deben aplicar con masaje suave pero firme sobre la piel.

EMPLASTOS O CATAPLASMAS

Es una mezcla de hierbas frescas o secas que se aplica a un área afectada por una dolencia.

1. Hervir las plantas 2 minutos y colarlas. Aplicarlas en caliente sobre la zona afectada, previamente untada con aceite para evitar que se pegue.

2. Sujetar con una gasa de algodón.

Cantidad: La justa para cubrir la zona.

Aplicación: Dejar un máximo de 3 horas y aplicar uno nuevo cada 2-3 horas.

VINOS TÓNICOS

Las plantas maceradas en vino se toman como tónicos reconstituyentes y digestivos. Se puede utilizar vino tinto o blanco, pero de buena calidad.

1. Se llena la botella con las plantas hasta las tres cuartas partes. Se cubren con vino, se cierra y se agita suave.

2. Se debe mantener en reposo durante 2 semanas o más.

Cantidad: 25 g de hierbas secas o 100 g de hierbas frescas en 1 litro de vino.

Dosis: Una copa al día antes de comer.

Conservación: Durante 3 o 4 meses. Hay que asegurarse que la planta quede siempre cubierta de vino para evitar que se enmohezcan.

TABLA DE EQUIVALENCIAS

1 ml	5 ml	12 ml	60-70 ml	100 ml
20 gotas (utilizar un cuentagotas)	1 cucharadita de café	1 cucharada sopera	1 copa de jerez	1 tacita de café

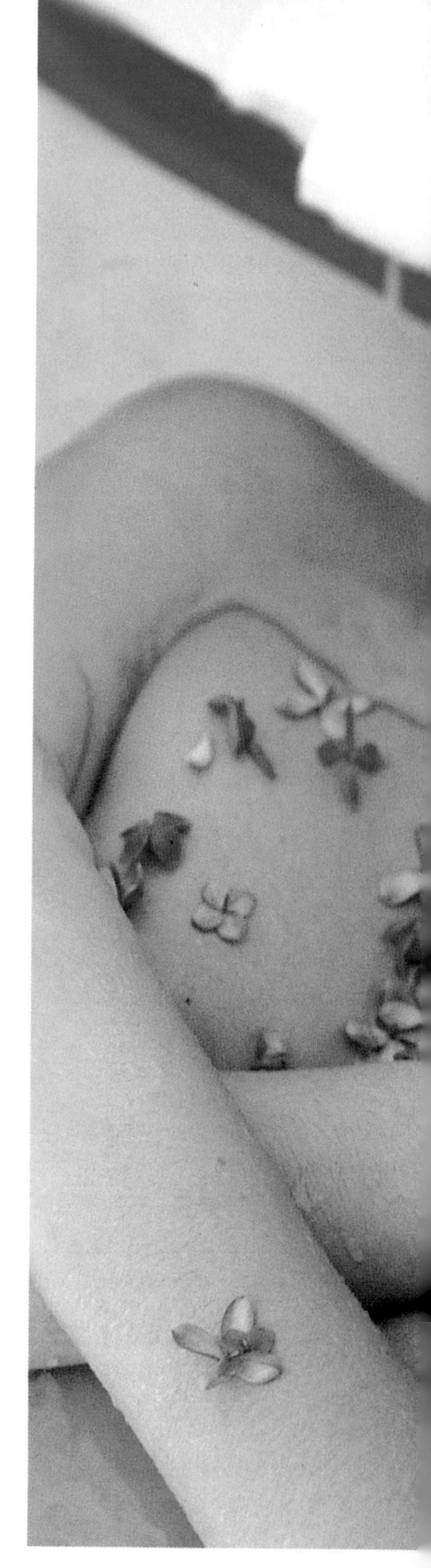

VAHOS

Las inhalaciones de vapor son ideales para descongestionar las vías respiratorias, y se recomiendan para tratar bronquitis, sinusitis y determinadas alergias.

1. Se hierve 1 litro de agua y se pone en un cazo, añadiendo 5-10 gotas de acei-

BAÑOS REPARADORES
Muchas veces nada habrá más reparador que un buen baño con plantas medicinales para tratar de hacer frente a resfriados, tensiones nerviosas o musculares o para mejorar la circulación sanguínea.

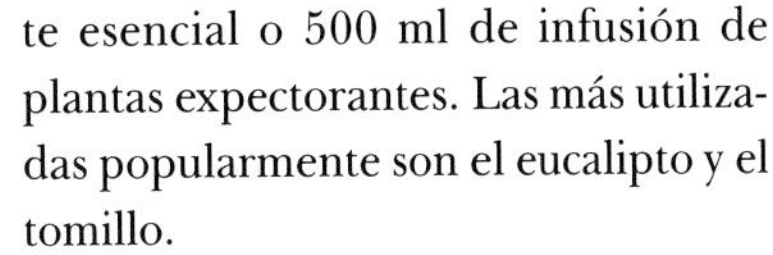

te esencial o 500 ml de infusión de plantas expectorantes. Las más utilizadas popularmente son el eucalipto y el tomillo.

2. Se cubre la cabeza y el recipiente con una toalla, cerrando los ojos e inhalando el vapor, procurando respirar normalmente hasta que se enfríe.

BAÑOS

Se preparan con aceites esenciales añadidos al agua o con infusiones. Tienen un efecto relajante y son adecuados para las extremidades doloridas, inflamaciones, congestión nasal y los ojos irritados. Podemos distinguir entre varios tipos en función de la dolencia que queremos aliviar:

■ Baños balsámicos

Ideales para tratar los típicos resfriados invernales, y en los que se emplean plantas expectorantes y antisépticas, que contribuyen a bajar la fiebre y a estimular la sudación, como el eucalipto o el tomillo.

■ Baños relajantes

Son los más adecuados para proporcionar una sensación de relajación al organismo, y que se indican en casos de tensión muscular y nerviosa. Las plantas más apropiadas son el jazmín, la lavanda, el geranio y la manzanilla.

■ Baños circulatorios

Son los más recomendados para favorecer la circulación sanguínea, para prevenir los trastornos circulatorios y para reducir la hinchazón en pies y piernas. Se usan plantas como el limón, el pino o el romero.

■ Baños afrodisiacos

Son baños reconfortantes, que estimulan la sensualidad, y que se basan en esencias dulces y seductoras, como las que aportan canela, nerolí y ylan-ylan. La fórmula básica para todos ellos es la que sigue: Echar 2-5 gotas de aceite esencial no diluido o bien 500 ml de infusión en el agua del baño.

■ Lavado de ojos

Para la vista cansada, conjuntivitis e irritación ocular, son baños calmantes, que deben elaborarse con plantas que no produzcan escozor alguno. Se recomienda el saúco, la eufrasia y la manzanilla.

1. Preparar una decocción o infusión a fuego lento.

2. Colar bien para que no se filtren partículas. Dejar enfriar y verter la infusión en una bañera ocular esterilizada.

3. Aplicar echando la cabeza hacia atrás y parpadeando de vez en cuando, o bien dando suaves toques sobre los párpados cerrados y el contorno de los ojos.

Las mejores plantas para cada edad

De la infancia a la vejez, en las siguientes páginas proponemos un recorrido por las etapas de la vida, destacando las dolencias y problemas de salud que son propios de cada grupo de edad. Muchos de estos trastornos forman parte del desarrollo normal de la persona y, aunque no todos pueden ser catalogados de patología, sí conllevan una serie de molestias que pueden paliarse con los tratamientos adecuados. Las plantas medicinales aportan toda su fuerza reparadora para ayudar a superarlos.

BEBÉS

El bebé entra en la vida recibiendo un cúmulo de nuevas sensaciones que tendrá que asimilar. El contacto estrecho con la madre le transmite seguridad y la leche materna le aporta defensas, pero su sistema inmunitario es frágil, expuesto especialmente a microbios y a complicaciones asociadas a cambios en la alimentación. La naturaleza nos brinda plantas que tienen un efecto suave pero útil para enfrentarse a las típicas dolencias que afectan al recién nacido.

LOS PRIMEROS DIENTES

Empiezan a salir a los 6 meses de vida y pueden provocar molestias hasta los 2 o 3 años.

- *El jarabe de raíz de* ***malvavisco*** *calma las encías inflamadas.*
- *Aceite de* ***manzanilla*** *con miel para friccionar las encías o la mejilla. Se recomienda también la decocción de* ***salvia*** *y* ***mirra*** *o infusión de melisa.*

PROBLEMAS DEL SUEÑO

Al niño le cuesta conciliar el sueño o se despierta por la noche.

- *Infusión de* ***manzanilla*** *antes de llevarlo a dormir por su efecto tranquilizante.*
- *Añadir al* ***baño*** *infusión de manzanilla, lavanda, lúpulo o tila.*

IRRITACIÓN DEL PAÑAL

Muchos bebés presentan ulceración, irritación y enrojecimiento del culito, piernas y órganos genitales en contacto con la humedad y las sustancias del pañal.

- *La infusión de* ***manzanilla****, puede reducir la acidez de la orina.*
- ***Caléndula*** *en crema, pomada o infusión para calmar y reducir la inflamación, y agua destilada de* ***hamamelis*** *para lavar la zona.*

COSTRA LÁCTEA

En caso de escamas en el cuero cabelludo:

- *Masajes con* ***aceite de oliva****.*

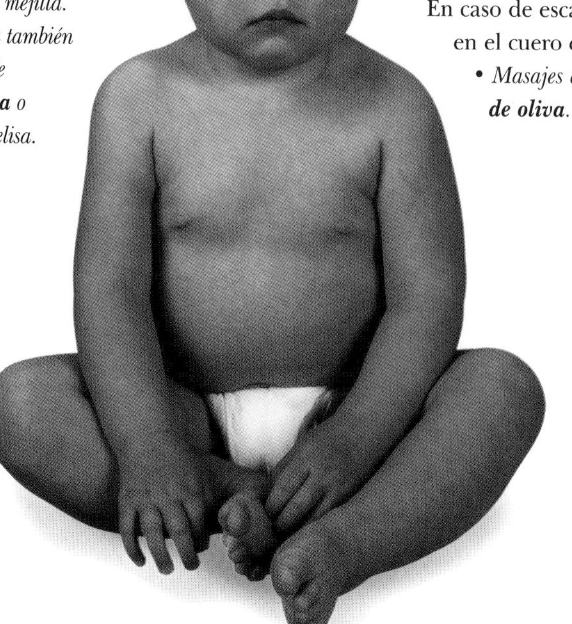

INFANCIA

Es en los primeros años de la vida cuando más deprisa se crece, más conocimientos se asimilan y más energía vital se tiene. El metabolismo del niño funciona mucho más rápido que el del adulto y las posibles dolencias tienden a manifestarse de manera más inmediata y explosiva pero también a curarse con más rapidez. Presentamos algunas de las patologías más frecuentes de este grupo de edad y las plantas que pueden ayudar en cada uno de los casos:

OJOS LEGAÑOSOS Y CONJUNTIVITIS

Infecciones en el lacrimal, a veces con crosta, y en niños más mayores, la inflamación de la membrana ocular.

- *Infusiones de **equinácea**, por sus virtudes antibióticas.*
- *Lavar los ojos con **manzanilla**, flores de **saúco** y **eufrasia**.*
- *Baños oculares con agua destilada de **rosas** o de **hamamelis**.*

OÍDOS TAPONADOS

Presentan una mucosidad espesa que perjudica la audición. Común en niños con propensión a los resfriados.

- *Gotas de tintura de **hidrastis**, infusión de **manzanilla** y **equinácea**.*
- *Aceite de **almendras dulces** para la otitis aguda, aplicado al oído.*
- *Tisana de **flores** de saúco, eufrasia, gordolobo, hisopo, menta y hiedra para plantar cara al catarro.*

VÓMITOS Y DIARREA

Asociados a la hiperactividad, a la tensión o a un cambio de alimentación, los problemas gástricos pueden acabar en diarreas y vómitos.

- *Raíz de **jengibre** para las náuseas.*
- *El **anís** en jarabe, de sabor amable, por su acción digestiva y carminativa.*
- *La **agrimonia** o el **llantén mayor**, en decocción o jarabe, por su valor astringente y antidiarreico.*

ENURESIS

Suele vincularse a la falta de hábito aunque también suele deberse a causas médicas o psicológicas diversas.

- *Infusiones de **hipérico** y **cola de caballo** con miel. Tomar a lo largo del día -nunca por la noche- para calmar la irritación de la vejiga y favorecer su control.*
- ***Verbena** y **melisa**, si el origen es emocional, por su poder calmante.*

INFECCIONES POR VIRUS

Las más frecuentes son la rubéola, el sarampión, la varicela y las paperas.

- *Infusión de flores de **saúco** y hojas de **menta** para la rubéola.*
- *Infusiones de **ulmaria** y **milenrama** para bajar la fiebre, **equinácea** para favorecer el sistema inmunitario e infusión de **escabiosa** o **caléndula** para ayudar a eliminar los granos en el sarampión.*
- *Compresas de **hamamelis** o de **agua de azahar** para aliviar el picor y tintura de flores de **saúco** o bien hojas de **menta** trituradas sobre los granos en la varicela.*
- *Infusión de **hierba gatera** o **manzanilla** para bajar la fiebre.*
- *Compresas con infusión de flores de **caléndula** sobre la hinchazón, por su efecto antiinflamatorio, en caso de paperas.*

PIOJOS

Puede ser un problema frecuente, que se contagia en las escuelas. Se ha de evitar que queden huevos en el cuero cabelludo.

- *Añadir aceite de **tomillo** al champú por su poder desparasitante.*
- *Friccionar el cuero cabelludo con vinagre diluido al 50%..*

HIPERACTIVIDAD

Niños con excesiva energía, inquietos y distraídos, con dificultades para mantener la atención.

- *Relajantes nerviosos que ayudan a apaciguar los ánimos como la **avena**, la **verbena** y la **genciana**.*
- *Infusiones de **amapola**, **hipérico** y **tila** para la ansiedad.*

HERIDAS LEVES O MAGULLADURAS

Inevitables en la infancia, debido a su necesidad de jugar y su desconocimiento de los riesgos.

- *Loción de hipérico o pomada de hidrocotile sobre cortes.*
- ***Hamamelis** o ungüento de **árnica** para contusiones.*

ADOLESCENCIA

Etapa de transición entre la niñez y la juventud, en la que se entrecruzan rasgos propios de los dos periodos, la adolescencia se caracteriza por la pugna entre la necesidad de independencia y la inseguridad personal, la rebeldía y el peso de los complejos. El chico o la chica están sujetos a frecuentes cambios de humor, que suelen descargar sobre su familia. Experimentan una necesidad a veces demoledora de mantener las distancias con sus padres y sufren problemas asociados al cambio hormonal y la maduración sexual.

ACNÉ

Un problema metabólico y hormonal que puede llegar a trastornar mucho a los adolescentes. Suele estar causado por los cambios hormonales y dietéticos.

- *Compresas de* ***mirra*** *o decocción de* ***zarzaparrilla****.*
- *Infusión o tintura de* ***diente de león*** *para eliminar las toxinas*
- *Ungüento, crema o tintura de* ***caléndula*** *y* ***bardana*** *por su valor cicatrizante.*
- *Vapor facial con* ***alsine*** *y* ***saúco*** *para aliviar la inflamación.*

CAMBIOS DE HUMOR

La alternancia de episodios de euforia y de tristeza acompañados de irritabilidad son comunes en esta edad de cambios.

- *Infusión de* ***melisa*** *o* ***lavanda*** *por ser tónicos relajantes para la ansiedad, desazón e irritabilidad.*

ANOREXIA

Trastorno de origen psicológico manifestado con una aversión a la comida. Es un problema psicológico que precisa asistencia especializada.

- *Estimulantes del apetito como la* ***genciana*** *en tintura,* ***salvia*** *o* ***poleo*** *en infusión.*
- *Decocción de* ***achicoria*** *que es aperitiva.*

MENSTRUACIONES IRREGULARES

En la pubertad, el periodo puede verse sometido a irregularidades, que pueden alterar mucho la vida de la adolescente.

- *Tintura de* ***bolsa de pastor*** *para regular el ciclo.*
- *Infusión de flores de* ***abrótano hembra*** *para las menstruaciones dolorosas.*

JUVENTUD

La juventud es una etapa de gran actividad, en la que se combina la urgencia de abrirse camino en los planos laboral y vital con la necesidad de establecer relaciones personales. Un ritmo de vida agitado puede ser estimulante, pero a causa de una alimentación desordenada, inadecuada o escasa, puede conllevar serios riesgos para la salud. Éstos son algunos de los problemas más usuales:

ESTRÉS

Cada vez más frecuente en la juventud de hoy, suele estar originado por la tensión en el trabajo o los estudios, o un exceso de actividades.

- *Infusiones de* ***lavanda***, ***pasionaria*** *e* ***hipérico*** *como sedantes nerviosos.*
- ***Ginseng*** *o* ***eleuterococo*** *para levantar el ánimo, dar energía y aumentar las defensas, manteniendo su consumo unas tres semanas seguidas.*

INSOMNIO

Suele derivar del estrés emocional y del agotamiento, que impiden desconectar.

- *Infusiones de* ***manzanilla***, ***lavanda*** *o* ***tila*** *como bebida antes de acostarse o para realizar baños relajantes.*
- *Pastillas de* ***valeriana*** *y* ***lúpulo*** *o infusión de* ***pasiflora****, que tienen un potente efecto somnífero.*

GASTRITIS E INDIGESTIONES

Se puede dar como resultado de una comida rápida, lo que a menudo origina ardor de estómago, náuseas, flato o flatulencias. El primer paso es un cambio de dieta.

- *Infusiones de* ***hinojo***, ***comino***, ***menta*** *o* ***manzanilla*** *para la pesadez de estómago.*
- *Para facilitar la digestión, decocción o infusión de* ***genciana***, ***ajenjo***, ***canela*** *y* ***diente de león****.*
- *Infusión de* ***paciencia*** *como laxante suave, o cocimiento de raíz de* ***bardana*** *que ayuda a eliminar las toxinas.*

LESIONES DEPORTIVAS

La práctica del deporte puede traer consigo lesiones y heridas diversas.

- *Infusión de* ***harpagofito*** *contra los dolores musculares.*
- *Masajes con ungüento de corteza de* ***sauce blanco*** *para los calambres.*
- *Cataplasmas de* ***jengibre*** *o de mostaza para aliviar las torceduras.*

DOLOR DE CABEZA

Muy frecuente a esta edad, a causa de la misma tensión y del estrés, pero también por un posible exceso de alcohol y cafeína, o por trabajar con ordenador.

- *Cataplasmas de* ***verbena*** *y tintura de* ***matricaria*** *contra las migrañas.*
- ***Infusiones*** *de manzanilla, hierbabuena, rosal silvestre, ulmaria, melisa y menta.*

VISTA CANSADA POR FATIGA VISUAL

Común en estudiantes, opositores y trabajadores de oficina, que se pasan horas delante de la pantalla del ordenador.

- ***Compresas frías*** *de eufrasia, caléndula o manzanilla a aplicar sobre los párpados.*

La mujer joven

SÍNDROME PREMENSTRUAL

Es un amplio espectro de síntomas producidos entre la ovulación y la menstruación, y que puede manifestarse en forma de aumento y dolor en los pechos, abdomen hinchado, dolor de cabeza, estreñimiento, diarrea, cansancio, irritabilidad, ansiedad, somnolencia, dolor abdominal, etc.

- *Infusiones de* ***sauzgatillo*** *para favorecer el equilibrio hormonal.*
- *Perlas de aceite de* ***onagra*** *como un reconstituyente general.*
- *Compresas con infusión de* ***manzanilla*** *para aplicar sobre los pechos y reducir así la sensibilidad al dolor.*

PROBLEMAS MENSTRUALES

Son los distintos trastornos de la regla, como la dismenorrea o menstruación dolorosa, menorragia o menstruación copiosa y amenorrea o ausencia de menstruación.

- *Decocciones de* ***viburno*** *y* ***ñame silvestre*** *para regular las hormonas.*
- ***Abrótano hembra*** *y* ***frambueso*** *por su propiedad antiespasmódica.*
- *Raíz de* ***angélica*** *como inductora de la menstruación y también para los calambres menstruales y la debilidad general.*
- *Decocción de* ***bolsa de pastor*** *para controlar la menstruación excesiva.*

EMBARAZO

Los cambios hormonales que se producen durante la gestación pueden originar trastornos muy diversos, como náuseas, neuralgias, dolor en la pelvis y una mala circulación de la sangre.

- *Infusión de* ***diente de león, ulmaria*** *y grama para aliviar edemas y tobillos hinchados.*
- ***Infusiones*** *de melisa, manzanilla, jengibre e hinojo para las náuseas matinales.*
- ***Mejorana*** *por su valor astringente, para el dolor en la pelvis.*
- ***Ortiga, ulmaria*** *y semillas de* ***apio*** *para prevenir los calambres.*
- *Compresas con* ***cola de caballo*** *e infusión de flores de* ***caléndula*** *y aceite de* ***coco*** *para las estrías*
- *Las hojas de* ***diente de león, ortiga mayor*** *y* ***acedera*** *previenen la anemia y mejoran la circulación.*

PARTO Y POST-PARTO

Dolores debidos a las contracciones del útero y problemas físicos y emocionales frecuentes después de dar a luz.

- *Aceite de* ***melisa*** *para mitigar los dolores musculares.*
- *Infusiones de* ***hierbaluisa*** *y* ***menta*** *para aplacar los vómitos.*
- *Infusiones de* ***tilo*** *o* ***espino albar*** *y decocción de* ***avena*** *para combatir la depresión post-parto.*
- *Infusión o compresa de* ***caléndula*** *para acelerar la cicatrización del perineo.*
- *Infusiones de* ***hinojo, galega*** *o* ***alcaravea*** *para estimular la producción de leche.*

EDAD ADULTA

En la edad adulta pueden aparecer problemas crónicos. Las situaciones de estrés y agotamiento suelen multiplicarse por la presión de sacar adelante una familia y mantenerse airoso en el ejercicio profesional. Con el paso de los años aparecen los primeros achaques, en forma de dolores de espalda cada vez más frecuentes, la amenaza de los kilos de más, la hipertensión y los problemas coronarios, la caída del cabello y los problemas de próstata en los hombres, y los trastornos derivados de la menopausia en las mujeres. Emocionalmente devienen las primeras crisis de la edad, cuando se comprueba que ya se ha traspasado la mitad de la vida, crisis que a veces pueden ocultar un proceso depresivo.

Problemas comunes

VISTA CANSADA

A partir de los cuarenta notamos que las letras se tornan borrosas y que por primera vez nos cueste leer, y es entonces cuándo debemos hacer ejercicios para mejorar la vista y cuidar mejor los ojos.

- *Compresas frías de **eufrasia**, **alsine** o **caléndula** sobre los ojos.*

PROBLEMAS SEXUALES

El estrés, el agotamiento o la monotonía en la relación de pareja pueden producir una progresiva pérdida de interés por la actividad sexual, un problema que se da en ambos sexos.

- *El fruto de **schisandra** tiene la capacidad de aumentar la secreción de fluidos sexuales.*
- *El **ginseng, el eleuterococo y el guaraná** se consideran afrodisiacos.*

ARTRITIS Y ARTROSIS

La primera es una inflamación de los tejidos de las articulaciones con dolor, hinchazón y enrojecimiento, la segunda es una dolencia degenerativa, que se traduce en un desgaste del cartílago entre las articulaciones.

- *Infusiones de **matricaria**, **ulmaria** o semillas de **apio**.*
- *Pastillas de **harpagofito** para reducir la inflamación.*
- *Emplastos de **belladona** por ser un relajante muscular.*
- *Aceite de **hipérico** con aceite esencial de lavanda para masajear las zonas doloridas.*

Propios del varón

CAÍDA DEL CABELLO

A veces se produce a edades tempranas y puede estar asociado a problemas circulatorios y hormonales.

- *Fricciones con decocción de **romero** o infusión de **ortiga mayor** sobre el cuero cabelludo para mejorar la circulación.*
- *Suplementos en vitamina B y aceite de **onagra**.*
- *Vinagre de **ortiga** y **capuchina** para aclarar el pelo después de lavarlo.*

PROBLEMAS CIRCULATORIOS Y CARDÍACOS

La hipertensión es uno de los problemas más comunes en la edad adulta, y de no cuidarse, puede acarrear riesgos coronarios.

- *Infusión de frutos de **espino albar** como relajante cardiaco.*
- *Infusiones de **tila** y **milenrama** como tónicos circulatorios.*
- *El **romero**, fresco, seco en infusión, estimula la circulación.*
- *Aceite de **lavanda** como relajante general.*
- ***Ajo** crudo o en pastillas para la hipertensión y la arteriosclerosis.*
- ***Jengibre** fresco rallado en los alimentos para la hipertensión.*

PIEDRAS EN EL RIÑÓN

Como consecuencia de la cristalización de diversas sustancia en la orina, aparecen los cálculos renales, que al contraer los músculos producen un dolor difícil de olvidar.

- *Infusiones de barbas de **maíz** o **milenrama** para ataques agudos.*
- ***Bolsa de pastor** y **cola de caballo** para evitar el sangrado de la orina.*

PROBLEMAS DE PRÓSTATA

A partir de cierta edad suele producirse un aumento del tamaño de la glándula prostática que conlleva problemas en la micción o micción dolorosa.

- ***Extracto fluido** de pigeum, ortiga, equinácea y sabal contra la inflamación.*
- *Tisana diurética con frutos de **sabal**, **gayuba** y **cola de caballo**.*
- *Las pipas de calabaza tienen una acción antiprostática.*

IMPOTENCIA

Ocasionada a veces por trastornos nerviosos, como estrés, ansiedad o depresión, pero también por falta de riego sanguíneo, merma de hormonas sexuales y como consecuencia de la diabetes.

- *La infusión de corteza de **canela** aumenta el apetito sexual.*
- ***Azafrán**, **jengibre**, **schisandra** y **cilantro** aportan sus virtudes afrodisiacas para despertar la líbido.*

REUMATISMO

Dolor y rigidez en los huesos y músculos, que se manifiesta de muy diversas maneras.

- ***Compresas** de trébol de olor, matricaria y ulmaria.*
- *Aceite de **guindilla** para reducir el dolor y la rigidez.*
- *Infusión de semillas de **apio** para reducir la acidez de la sangre.*

Propios de la mujer

APARICIÓN DE ARRUGAS EN LA PIEL

Con la edad la piel va perdiendo elasticidad y las arrugas acaban dejando su huella.

- *Gel de* ***aloe****, por su poder hidratante y reparador.*
- *Aceites de* ***onagra*** *y de* ***germen de trigo****, como regeneradores de la piel seca o irritada.*

CELULITIS

Acumulación de grasas y tejido colágeno bajo la epidermis, que se manifiesta con el típico aspecto de piel de naranja.

- ***Perejil*** *fresco, con las comidas, como remedio casero.*
- *Cataplasmas de* ***fucus*** *(algas) o hierdra frescos o en pomada.*

TRASTORNOS DE LA MENOPAUSIA

Con la retirada de la regla se producen en la mujer cambios hormonales, que se traducen en sofocos y sudaciones, menstruaciones irregulares o difíciles, irritabilidad y la aparición de posibles procesos depresivos,

- *Pastillas o tintura de* ***sauzgatillo*** *para normalizar los niveles hormonales.*
- *Pastillas o gotas de tintura de* ***cimífuga*** *o perlas de aceite de* ***onagra*** *para restablecer el equilibrio hormonal.*
- *Cápsulas de extracto seco de* ***hipérico*** *para los síntomas depresivos asociados.*
- ***Avena*** *en infusión como sedante nervioso suave.*
- *Tintura de* ***sauce blanco*** *o infusión de* ***salvia*** *para los sofocos nocturnos.*
- *El* ***ginseng*** *mitiga la fatiga y eleva el estado de ánimo.*

INFECCIONES URINARIAS

Trastornos de las vías urinarias como la cistitis, uretritis y ureteritis pueden darse también en edades más tempranas, pero en la época adulta suelen aparecer con más frecuencia.

- *Infusiones de* ***gayuba, buchú****, estigmas de* ***maíz*** *y raíz de* ***malvavisco****, por su gran poder demulcente.*

LUMBAGOS Y DOLORES DE ESPALDA

Suelen aparecer como resultado de la artrosis y se agravan con posturas forzadas, tensión nerviosa, o esfuerzos descompensados, como trabajos de jardinería y bricolage.

- *Baños con aceite de* ***menta*** *o masajes con aceite de* ***hipérico*** *o bien crema de* ***guindillas*** *(¡cuidado con los ojos!) por su efecto antiinflamatorio.*
- ***Decocciones*** *de viburno, valeriana o sauce blanco, e* ***infusiones*** *de pasiflora o verbena contra el dolor de espalda persistente.*

AUMENTO DE PESO

Reducir el consumo de alimentos calóricos, como grasas y azúcares, y en general no ingerir más calorías de las que estemos dispuestos a quemar se convierte en un imperativo al llegar a cierta edad. Muchas plantas aportan su fuerza depurativa y diurética para ayudarnos a eliminar las toxinas del organismo.

- ***Tisana*** *combinada de maíz y cola de caballo para aumentar la orina.*
- ***Infusión*** *de ortiga, avena y cardo mariano, que es vigorizante y depurativa*
- ***Caldos*** *de apio y cebolla, que evitan la retención de líquidos.*

VEJEZ

En la última etapa de la vida algunas de las dolencias o trastornos que se han padecido antes tienden a cronificarse. El organismo se hace menos resistente a las infecciones y la capacidad de recuperación es menor. No obstante, si se lleva una vida activa y una alimentación adecuada puede ser una época de grandes descubrimientos, apta para la realización personal. Algunas de las dolencias más usuales de esta etapa son la fragilidad de los huesos, que da lugar a fracturas y accidentes, la desorientación, la pérdida de memoria y la depresión.

OSTEOPOROSIS

Con la edad se produce una pérdida de minerales y proteínas que provoca que los huesos se vuelvan frágiles y quebradizos, aumentando así el riesgo de padecer fracturas. En las mujeres se suele iniciar a partir de la menopausia.

- ***Lúpulo, sésamo*** *y* ***cola de caballo*** *para proteger los huesos de la pérdida mineral.*
- *Otras* ***plantas estrogénicas*** *que frenan la pérdida de calcio son: caléndula, ginseng, cimífuga y ñame silvestre.*
- *Otras plantas que contienen* ***minerales*** *son: ortiga, perejil, hojas de diente de león y alcachofera.*

PÉRDIDA DE VITALIDAD

Cuando se han perdido las ganas y la motivación para vivir y cuesta esfuerzo incluso salir de casa.

- *Infusión de* ***tomillo*** *por sus propiedades tonificantes y estimulantes.*
- *Raíz de* ***ginseng*** *o de* ***eleuterococo*** *tomadas en pastillas o extractos.*

TRAUMATISMOS

Las personas mayores son más propensas a sufrir caídas y accidentes debido a la reducción de la agudeza visual, mayor lentitud de reflejos y debilidad muscular. Además, como consecuencia de la fragilidad ósea y de la menor capacidad de recuperación, estas caídas pueden ocasionar traumatismos más graves que en cualquier otra edad.

- *Compresas frías de* ***hamamelis*** *para las contusiones.*
- *Crema de* ***caléndula*** *para curar rasguños y cortes.*
- ***Romero*** *como tonificante y estimulante del sistema nervioso.*

SORDERA PROGRESIVA

La pérdida de oído provoca cierto aislamiento en las personas mayores, al quedar cada vez más imposibilitadas para intervenir en las conversaciones. A la larga los ancianos acaban por ser sutilmente arrinconados por parte del resto de la familia o amigos.

- ***Gotas*** *de tomillo, orégano, lavanda y canela mediante aplicación externa.*
- ***Extractos*** *de ginkgo biloba para mejorar la circulación.*

RESFRIADOS FRECUENTES

Al tener menos defensas, el organismo de una persona mayor es más propenso a sufrir resfriados, que pueden comportar complicaciones, debilitar su estado general y provocar enfermedades más graves.

- *Las cápsulas de* ***equinácea*** *fortalecen las defensas del organismo y evitan posibles recaídas.*
- *La infusión de flores de* ***saúco*** *y* ***milenrama*** *para tratar la fiebre.*
- *El zumo de* ***limón*** *y la infusión de* ***jengibre*** *son de una gran ayuda para reducir la congestión nasal.*
- *Los vahos de* ***eucalipto*** *son ideales para despejar las vías respiratorias.*

DEPRESIÓN

La sensación de no servir para nada en contraste con un pasado activo y estimulante, o la soledad provocada por la pérdida del marido o mujer, el sendentarismo y el alejamiento del resto de la familia provoca en muchas personas de edad avanzada un proceso depresivo que puede llegar a ser grave y en algunos casos ocultar dolencias posteriores.

- *Infusiones de* ***avena, verbena*** *y* ***romero*** *para elevar el ánimo.*
- *El* ***ginseng*** *es un estimulante útil para combatir la depresión.*
- *Extracto seco de* ***hipérico*** *por su notable poder antidepresivo.*

INCONTINENCIA

Motivada por una alteración física, como puede ser una infección urinaria, inflamación de la próstata o la vejiga, o por un problema neurocerebral. La micción involuntaria ocasiona trastornos en quien la padece.

- *Cocimiento de bayas de* ***arándano*** *para prevenir las infecciones.*
- ***Tisana antiséptica*** *de las vías urinarias con hojas de gayuba, ajedrea, tomillo, maíz y anís.*
- *Las semillas de* ***ginkgo*** *relajan la vejiga urinaria.*

Las virtudes de las plantas

Las virtudes curativas de las plantas reciben una terminología específica que en este glosario hemos pretendido aclarar de manera clara y sencilla.

Adaptógeno: Que favorece la adaptación del organismo a situaciones de estrés y de sobrecarga física.

Afrodisiaco: Que aumenta la potencia y el deseo sexual.

Analgésico: Que alivia el dolor.

Anestésico: Que anula la sensibilidad a los estímulos externos.

Antibacteriano: Que impide el desarrollo de las bacterias.

Antibiótico: Que tiene la capacidad de impedir el desarrollo de los microorganismos o destruirlos.

Anticoagulante: Evita la formación de coágulos en la sangre.

Antiespasmódico: Alivia o elimina los espasmos o contracturas musculares.

Antifúngico: Alivia o sana las infecciones producidas por los hongos.

Antihelmíntico: Destruye o expulsa los parásitos intestinales.

Antiinflamatorio: Con capacidad para reducir la inflamación.

Antiséptico: Impide el desarrollo de gérmenes, evitando la infección.

Antitusígeno: Que calma o aplaca la tos.

Aperitivo: Que estimula el apetito.

Aséptico: Estéril, sin agentes infecciosos.

Astringente: Que disminuye la secreción, coagula la sangre y facilita la cicatrización de las heridas.

Béquico: Con fuerza para aplacar la tos.

C

Cardiotónico: Que tonifica el corazón, aumentando la fuerza de las contracciones.

Carminativo: Que disminuye la formación de gases en el tubo digestivo y facilita su expulsión.

Cicatrizante: Que favorece la cicatrización de las heridas.

Colagogo: Que estimula y aumenta la expulsión de la bilis de la vesícula biliar.

Colerético: Estimula la formación de bilis por el hígado.

Demulcente: Sustancia no grasa que protege y calma las mucosas de todo el organismo.

Depurador: Que facilita la expulsión de toxinas.

Diaforético: Que promueve el sudor.

Digestivo: Que facilita la digestión.

Diurético: Que aumenta la secreción de orina.

Emenagogo: Que provoca la menstruación o aumenta el flujo menstrual.

Emético: Que provoca el vómito.

Emoliente: Que suaviza y calma la piel y las mucosas frente a la irritación.

Estimulante: Que aumenta la excitación nerviosa.

Estrógeno: Que tiene una acción hormonal de tipo estrogénico.

Expectorante: Que favorece la expulsión de las flemas y secreciones acumuladas en las vías respiratorias.

Febrífugo: Capaz de bajar la fiebre.

Galactógeno: Que favorece la producción de leche materna.

Hemostático: Capaz de frenar la hemorragia.

Hepatoprotector: Que protege el hígado.

Hipoglucemiante: Que disminuye la cantidad de azúcar en la sangre y la orina.

Laxante: Que favorece la evacuación intestinal de manera suave.

Purgante: Que provoca una evacuación intensa.

Remineralizante: Que aporta sales minerales y oligoelementos.

Sedante: Que reduce la actividad y excitación nerviosa.

Sudorífico: Que favorece la sudación.

Tonificante: Fortalece y restablece el organismo.

Vasoconstrictor: Que produce la contracción de las paredes de los vasos sanguíneos.

Vasodilatador: Que dilata los vasos sanguíneos, aumentando su luz.

Vermífugo: Que favorece la expulsión de las lombrices intestinales.

Vulnerario: Que favorece la curación de las heridas.

Plantas relajantes

Ansiedad, irritabilidad, hiperactividad, estrés, taquicardias, migrañas, insomnio y procesos depresivos son algunas de las manifestaciones más comunes de trastornos nerviosos que toda persona padece en algún momento de su vida. Pero disponemos de muchas plantas que nos permiten recuperar el equilibrio perdido.

Cuando estamos nerviosos tenemos las mandíbulas apretadas, el cuello rígido y muchos músculos del cuerpo se ponen en tensión. La excitación neuromuscular excesiva puede crear un sufrimiento funcional por espasmos que se producen en los músculos: los ***estriados***, que se rigen por un movimiento consciente y voluntario, y los ***lisos***, cuya contracción es involuntaria (arterias, corazón, intestinos). Eso sugiere cómo la ansiedad puede originar un dolor abdominal, una taquicardia o hipertensión. Los espasmos pueden generar migrañas, dolores en la zona del tórax, opresión, especialmente por debajo de las costillas, dolores abdominales o múltiples síntomas dolorosos como de artrosis localizados a nivel de la columna vertebral. A nivel urinario se pueden manifestar síntomas de urgencia al ir a orinar que pueden hacer pensar en una infección, pero que en realidad son espasmos de la vejiga urinaria. Las mujeres pueden padecer trastornos de la regla, y sobre todo de menstruaciones dolorosas. Las palpitaciones, dolores de barriga, migrañas y otros muchos padecimientos pueden tener un origen psicosomático. Las plantas pueden ayudar a que las personas se relajen, tanto a nivel nervioso como muscular.

Migrañas

Si los síntomas son muy claros, hay que tomar alguna medida precoz, porque con el dolor ya instalado será mucho más difícil aliviarlo. Si existe intolerancia a los ruidos y a la luz se ha demostrado útil la **matricaria**. Las plantas sedantes y tranquilizantes son eficaces como complemento.

Insomnio

Existen ***dos tipos*** principales de insomnio. Uno consiste en la dificultad para dormirse, que es más propio de los adultos jóvenes, mientras que otro consiste en la imposibilidad de mantener el sueño durante varias horas y es más común a partir de los 40 años. El insomnio de la tercera edad resulta muy frecuente, mientras que en los niños y jóvenes no lo es tanto y suele necesitar de un control médico.

Muchas plantas pueden ser útiles ante el insomnio, especialmente aquellas que tienen un carácter sedante o hipnótico, pero una condición será el tomarlas en ***dosis*** relativamente importantes, de seis a ocho cápsulas diarias, y más de dos cucharaditas por taza en caso de tisanas. Esto es especialmente importante si alguna vez se ha tomado alguna pastilla de otro tipo para inducir el sueño, como las benzodiacepinas, ya que en estos casos la eficacia de las plantas medicinales puede parecer reducida.

Depresión

Existe una depresión ***endógena***, que no responde a una causa objetiva que la haya motivado, y una ***exógena***, que está condicionada por hechos externos (pérdida de trabajo, de seres queridos, etc.) y nos impide tener ilusión por la vida.

El tratamiento de la depresión crónica debe ser controlado por un médico al que tengamos confianza, ya que necesita no sólo de una medicación adecuada, sino también de un apoyo psicológico y de confianza indispensable. Entre las plantas hay que destacar al **hipérico**, que en estudios clínicos ha demostrado una actividad antidepresiva del todo punto comparable con la de los antidepresivos químicos más ortodoxos, cosa que no sucede con muchos tipos de plantas medicinales. En el tratamiento de la depresión siempre deberemos tener paciencia, contando con que 4 a 6 semanas de tratamiento es el periodo mínimo para observar los primeros resultados.

ACEITE DE LAVANDA
Por su efecto sedante y antiespasmódico, es una alternativa válida para relajar el cuerpo y facilitar el sueño.

Bálsamo de la tranquilidad

Es uno de los sedantes naturales más efectivos que nos ofrece el mundo vegetal. Está indicado para afrontar situaciones tan frecuentes de la vida moderna como los estados de estrés e irritabilidad nerviosa.

INFUSIÓN PARA LA ANSIEDAD
La mayoría de infusiones combinan la valeriana con otras plantas para neutralizar su sabor desagradable.

Estrés e irritabilidad nerviosa provocados por preocupaciones familiares o laborales, el temor y la inseguridad ante el peso de los compromisos son situaciones en las que hay que contar con la valeriana. Es un remedio excelente para tratar de desconectar de aquello que más nos abruma. Ayuda a disipar la hipocondria y a frenar la hiperactividad mental, por lo que resulta útil cuando se tienen problemas de insomnio. Es un relajante muy completo, ideal para un amplio cuadro de dolencias de origen nervioso, desde la ansiedad y la hipertensión, a problemas cardiacos y ataques de epilepsia, con síntomas tan diversos como el pánico, palpitaciones, convulsiones, sudores, casos de histeria nerviosa y agarrotamientos musculares. Tal es la confianza que muchos médicos depositan en esta planta, que en algunos países se está recetando de manera usual la valeriana en lugar del famoso valium para casos de ansiedad suave y puntual y contra el insomnio, con el valor añadido de que no provoca los efectos secundarios atribuidos a los fármacos sintéticos como son la adicción o la dificultad de concentración.

Leyendas y tradiciones

Valere, en latín, significa estar bien de salud. Éste podría ser, según algunos autores, el origen del nombre de la valeriana. Se sabe que su penetrante olor atrae a los gatos y es por ello que también se la conoce por hierba de los gatos. Los antiguos griegos loaban sus efectos medicinales y en la época romana ya se utilizaba como eficaz sedante. Más adelante, en la Edad Media, con la raíz pulverizada se trataba la epilepsia y, en general, era considerada como una panacea.

TISANA PARA LOS NERVIOS

Hervimos durante 15 minutos una cucharada de postre de raíz de valeriana por taza. Se cuela y se mantiene en reposo 10 minutos. Se recomiendan tres tazas diarias.

RECETA PARA APACIGUAR EL ÁNIMO

Consiste en tomar un trozo de raíz de valeriana, para deshacerla lentamente con la saliva. Es muy útil, pero tiene el inconveniente del mal sabor.

PARA LA ANSIEDAD

Se mezclan a partes iguales 20 gramos de valeriana, melisa, pasiflora, hipérico y anís estrellado. El contenido de la mezcla, en una proporción de una cucharada sopera por taza de agua, se deja hervir 2 minutos y se mantiene en reposo durante 10 más. Una vez colado, se puede ingerir cuantas veces se desee.

CONTRA EL INSOMNIO

Infusión que preparamos mezclando 20 gramos de valeriana y pasiflora, y la mitad de flor de amapola y lúpulo. Seguimos las mismas indicaciones de preparación que la anterior y una vez colado, se bebe a pequeños sorbos, en caliente, medio vaso al acabar de cenar y la otra mitad antes de acostarse. Añadimos limón o miel para mejorar el sabor. Así conseguiremos un sueño reparador.

DATOS DE INTERÉS

Aspectos ecológicos
Crece sobre suelos húmedos, en riberas de ríos y arroyos, márgenes de bosques y prados. Es originaria de Europa y norte de Asia.

Descripción
Planta vivaz, de tallos erectos, de hojas opuestas y flores blancas o rosadas, agrupadas en umbelas.

Recolección y conservación
El rizoma y la raíz se recolectan en otoño. Tienen un aroma desagradable. Se lavan en agua corriente y se utilizan frescas o secas.

Propiedades
Sedante, relajante muscular, antiespasmódica, hipotensora, hipnótica y carminativa.

Indicaciones
Ansiedad, estrés, depresión nerviosa, insomnio, hipertensión arterial, indigestión nerviosa, espasmos musculares, asma nerviosa, taquicardias, migrañas, dolores menstruales.

Principios activos
Aceite esencial, valeopotriatos (inductores del sueño), isovalerianato, ésteres terpénicos, alcaloides.

Plantas con las que combina
Pasiflora, melisa, hipérico, amapola y lúpulo, hierbas con las que comparte su acción sobre el sistema nervioso. Anís estrellado, abeto, malvavisco, matricaria y liquen de Islandia, con las que se complementa.

Presentaciones
Infusión, polvo de raíz, tintura, vino de valeriana, aceite esencial y pastillas.

Precauciones
- Un consumo prolongado puede provocar cierta dependencia.
- No combinar con excitantes como el café.

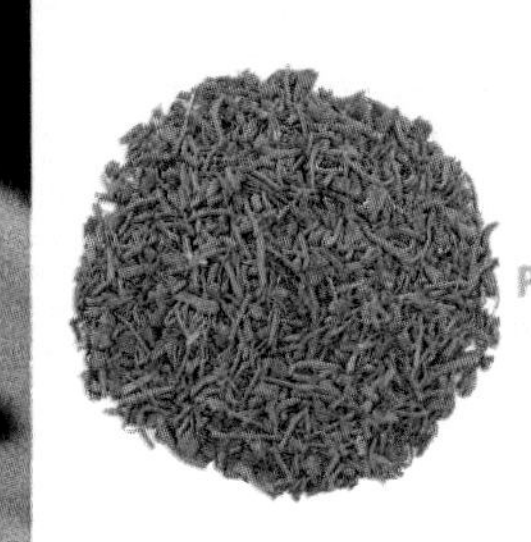

PRESENTACIONES
Pastillas y raíz de valeriana.

Para luchar contra la depresión

Conocido también por hierba de San Juan, el hipérico está considerado el mejor antidepresivo natural, que se ha demostrado muy útil para tratar depresiones suaves y moderadas, y combatir la ansiedad.

Provocada a veces por una desgracia o conflicto personal o laboral, como consecuencia de un exceso de ansiedad y preocupaciones, o como respuesta a una creciente sensación de vacío interior, la depresión es una enfermedad que cada vez afecta a más personas. Un impulso irrefrenable al llanto, irritabilidad y ataques de cólera, sentimientos de culpabilidad, baja autoestima, falta de interés por las actividades cotidianas, pánico a salir de casa y pérdida de interés y gusto por la vida en general son síntomas característicos de un cuadro depresivo, que en las primeras etapas de la enfermedad puede ser combatido con la fuerza del hipérico, el mejor antidepresivo natural que se conoce. El hipérico o corazoncillo es un tónico nervioso eficaz contra la depresión, la ansiedad, los terrores nocturnos y el insomnio. Eleva nuestro estado de humor y contribuye a que tengamos una visión más optimista de la vida.

Leyendas y tradiciones

El hipérico se conoce también por hierba de San Juan porque florece coincidiendo con el solsticio de verano. La tradición mística cuenta que la planta surgió de la sangre de San Juan Bautista cuando éste fue decapitado, y que posteriormente fue guardada en un cáliz sagrado para preservarla como un bálsamo contra el mal. Hipócrates ya recomendó el hipérico como remedio antiinflamatorio y tonificante. Se sabe que griegos y romanos lo utilizaban para sanar infecciones de piel y quemaduras, y que tanto en esa época como especialmente durante la Edad Media se le atribuyeron poderes mágicos para enfrentarse a los hechizos de las brujas y a determinados trastornos psíquicos.

DATOS DE INTERÉS

Aspectos ecológicos
Crece en bordes de caminos y sembrados, en espacios soleados. Es originario de Europa.

Descripción
Planta erecta, de hojas opuestas y flores amarillas, de pétalos alargados, dispuestos en estrella.

Recolección
En plena floración, de mayo y finales de junio. Se recolectan las sumidades floridas. Se deja a secar a la sombra y se conserva troceada.

Propiedades
Antidepresivo, sedante, vulnerario, astringente, antiespasmódico, antiinflamatorio, antiséptico, tónico digestivo, antiviral y oncológico.

Aplicaciones
Depresión, insomnio, fatiga, cicatrización de heridas cutáneas, quemaduras y calambres, acné y eccemas, mordeduras y picaduras, dolores menstruales, migrañas, hemorroides, hemorragias persistentes, colitis, acidez de estómago, digestiones difíciles, úlceras gástricas y duodenales, disfunciones de la vesícula biliar, enuresis infantil, dolores de garganta y faringitis, infecciones víricas. Y se ha estudiado contra tumores cancerosos en la piel.

Principios activos
Hipericina (sustancia antidepresiva, inhibidora de la acción de las monoaminoxidasas, con potencial antivírico), pseudohipericina, flavonoides como la hiperina, rutósido y quercitina, ácidos cafeico, clorogénico, ferúlico y gentísico, proantocianidoles, aceite esencial, taninos y cumarinas.

Plantas con las que combina
Valeriana, melisa, lavanda, pasiflora, espino blanco, caléndula, aloe, equinácea, viburno, clavo, árnica, consuelda y artemisa.

Presentaciones
Infusión, tintura, loción, aceite de hipérico, cremas y pastillas antidepresivas (extractos secos y fluidos).

Precauciones
- Puede provocar trastornos intestinales y fatiga.
- Hipersensibilidad a la luz. La hipericina es un fotosensibilizante. Hay que evitar una exposición prolongada a la luz solar.
- Puede provocar vértigo y sequedad de boca.
- Puede interaccionar con diversos medicamentos.

REMEDIOS

TISANA ANTIDEPRESIVA Y ANTIESTRÉS

Se mezclan 20 gramos de hipérico, melisa y espino blanco, con 10 gramos de valeriana, pasiflora y anís estrellado. Se ponen dos cucharadas soperas de la mezcla por cada medio litro de agua. Se hierve un minuto y se deja reposar diez. Una vez colado, se bebe un vaso antes de las comidas, a pequeños sorbos. Esta fórmula combina el poder antidepresivo del hipérico con las virtudes sedantes y relajantes de la melisa, la pasiflora y la valeriana. El espino blanco actúa como un tónico cardiaco y el anís estrellado como estimulante suave.

INFUSIÓN PARA LA MUJER

Para problemas derivados de la menopausia, combate la falta de vitalidad y es útil también para normalizar la menstruación. Se combinan 10 gramos de hipérico y artemisa y 2 de ruda. Una cucharada de esta mezcla por taza se echa en un cazo de agua hirviendo. Se debe ingerir durante 9 días seguidos antes de la menstruación, en ayunas.

LOCIÓN PARA HERIDAS Y CONTUSIONES

Se mezclan 10 gramos de hipérico con la misma cantidad de lavanda, romero y árnica, todo ello puesto a macerar en medio litro de alcohol de 96º, juntamente con 1/4 de litro de zumo de limón y su corteza y 100 gramos de zanahoria rallada. Se deja unos 15 días en reposo y luego se cuela, para, una vez listo, poder aplicar en masajes sobre las zonas doloridas.

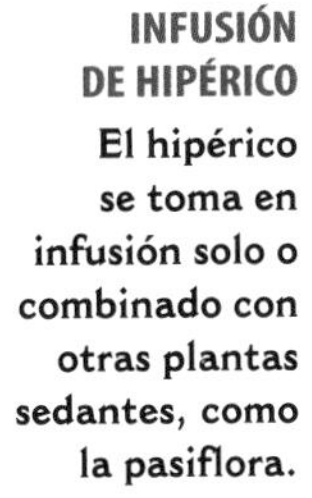

INFUSIÓN DE HIPÉRICO
El hipérico se toma en infusión solo o combinado con otras plantas sedantes, como la pasiflora.

Remedio natural contra el insomnio

Ansiedad, migrañas y taquicardias pueden ser combatidas con esta bella planta americana, que destaca por su eficacia para facilitar el sueño.

DATOS DE INTERÉS

Aspectos ecológicos
Originaria de América Central y del Sur, se cultiva en toda Europa.

Descripción
Liana trepadora, de hasta 9 metros de largo, con el tallo leñoso y hojas trilobulares. Flores grandes, de pétalos rosados y lígulas purpúreas, conocidas por las flores de la pasión.

Recolección y conservación
En el momento de la floración. Se utilizan las partes aéreas, hojas, tallos, flores y frutos. Desprende un aroma agradable, ya de por sí sedante.

Propiedades
Sedante, antiespasmódica, hipnótica suave, analgésica.

Indicaciones
Trastornos nerviosos, ansiedad, insomnio, palpitaciones, hipertensión arterial, migrañas, vértigo, espasmos gastrointestinales, dolores musculares, menstruales y de espalda y dolor de muelas. Complemento en el tratamiento de la epilepsia y en curas de desintoxicación del alcohol y las drogas

Principios activos
Flavonoides, glucósidos cianogénicos, alcaloides y maltol.

Plantas con las que combina
Valeriana, melisa, hipérico, lavanda, tilo, manzanilla, viburno, espino albar, azahar.

Presentaciones
Infusión, tintura, extracto seco y fluido (pastillas para el estrés), zumo de planta fresca y jarabe.

Precauciones
- Es incompatible con drogas y alcohol.
- Provoca somnolencia.
- Evitar durante el embarazo y la lactancia.

La pasionaria se cuenta entre los mejores remedios para el insomnio. Por su efectividad como sedante, provoca un sueño natural y reparador en quien la prueba. Tiene la capacidad de disminuir la hiperactividad nerviosa y la irritabilidad. Resulta ideal para personas a las que, llegada la noche, les cuesta desconectar de los problemas cotidianos. Actúa bien para combatir la ansiedad y el estrés y reduce la hipertensión, si ésta es de origen nervioso. Está indicada también para tratar las palpitaciones, las sensaciones de pánico y los temblores seniles.

Leyendas y tradiciones

Era utilizada por los pueblos indígenas americanos, tanto aztecas como incas, por su efecto sedante, y cultivada extensamente en sus dominios.

Llamada también pasionaria o flor de la pasión porque los misioneros explicaban la crucifixión de Cristo a los indígenas con las singularidades de la flor. Los célebres frutos de la pasión o maracuyá, con que se preparan los deliciosos jugos tropicales, corresponden a una especie similar que procede de Brasil y las Antillas, la *Passiflora edulis*.

REMEDIOS

INFUSIÓN SENCILLA CONTRA EL INSOMNIO

Se hierven 20 o 30 gramos de flores y hojas de pasiflora por litro de agua. Se deben tomar tres tazas diarias, dos antes de acostarse, y una tercera durante la noche, si el sueño no acaba de llegar.

También es muy eficaz la tintura de pasionaria, de las que basta con 50 a 100 gotas diarias, en tres tomas.

TISANA PARA EL DOLOR DE ESPALDA

Se mezclan 8 gramos de pasiflora, valeriana y viburno por medio litro de agua. Se depositan las hierbas en un cazo de agua hirviendo y se deja reposar durante 5 minutos. Tomar un par de tazas antes de acostarse, para eliminar las molestias durante la noche

FRUTOS DE LA PASIÓN
Los frutos de la Pasión son la base de delicioso zumos tropicales como el maracuyá

Enemiga de las jaquecas

La verbena es un excelente bálsamo contra el agotamiento nervioso, ideal para aquellos que llevan un ritmo de vida estresante.

Por la combinación de su efecto sedante y antiespasmódico la verbena es una planta de primer orden para combatir migrañas y jaquecas suaves de origen nervioso o vinculadas al ciclo menstrual, taquicardias y dolores reumáticos y musculares. Es ideal para la recuperación física tras jornadas de agotamiento psíquico, reduce la tensión nerviosa y es útil para luchar contra la ansiedad y el insomnio. Se revela también como un recurso excelente para devolver el apetito en situaciones de desgana provocada por el estrés y en casos de dolor de cabeza.

Leyendas y tradiciones

Conocida también por hierba de los hechizos, ya era venerada desde los tiempos de los celtas, cuyos druidas se ornaban la cabeza con ramilletes de esta planta antes de proceder a los sacrificios rituales. En Roma, también servía, como el laurel, para trenzar las coronas de los emperadores. Cuenta la tradición que se solía llevar verbena colgada del cuello para aliviar los dolores de cabeza y para prevenir las posibles picaduras de insectos y mordeduras de serpientes.

REMEDIOS

TISANA DIGESTIVA

Se mezcla a partes iguales verbena con otras tres plantas digestivas, anís verde, manzanilla y poleo. Combinamos una cucharada sopera de la mezcla por taza de infusión en un cazo de agua a punto de hervir y, tras dejarlo reposar durante unos 8-10 minutos, podemos tomarlo dos o tres veces al día después de las comidas. Esta fórmula funciona como estimulante del apetito y favorece una buena digestión.

CATAPLASMAS CONTRA LAS MIGRAÑAS

Mezclar a partes iguales verbena con harinas de linaza y de fenogreco *Trigonella foenum-graecum*. Se hierve disuelto en un vaso de leche, removiendo de vez en cuando. Una vez que se haya formado una pasta espesa, se extiende sobre una gasa y se cubre con una capa de algodón, tras lo cual se envuelve. Se aplica en caliente sobre la coronilla, y en tibio, sobre la parte de la cabeza donde se localiza la migraña. También se utiliza en vahos o inhalaciones, respirando directamente sobre los vapores de una decocción de verbena caliente.

INFUSIÓN DE VERBENA
Una tacita de esta infusión ayuda a disipar el dolor de cabeza.

DATOS DE INTERÉS

Aspectos ecológicos
Crece en bordes de caminos, escombreras, laderas secas y zonas de pastos.

Descripción
Mata espesa, con tallos erguidos y flores diminutas de color malva, dispuesta en espigas terminales.

Recolección y conservación
Se aprovechan las sumidades floridas, y se conservan, trituradas, en un recipiente de cristal, herméticamente cerrado. Emana un aroma aceitoso característico.

Propiedades
Estimulante del sistema nervioso, sedante, antiespasmódica, astringente, aperitiva, digestiva, diaforética y analgésica.

Indicaciones
Trastornos nerviosos, ansiedad, depresión suave, espasmos musculares, migrañas. Actúa como depurativo de la sangre y equilibra las funciones del hígado. Estimula el apetito y facilita la digestión.

Principios activos
Verbenalina, verbenalol, emulsina, mucílagos, alcaloides, taninos y sustancias amargas.

Plantas con las que combina
Valeriana, tila, poleo, genciana, manzanilla, anís.

Presentaciones
Infusión, tintura, polvos, en compresas y cataplasmas.

LÚPULO *Humulus lupulus*

Un somnífero radical

Es una planta ideal para aquellas personas que día tras día se enfrentan al problema de no poder conciliar el sueño. El lúpulo tiene un fuerte poder sedante, que reduce la irritabilidad nerviosa, contrarresta la fatiga por estrés y por un exceso de actividad y acaba favoreciendo un sueño profundo y reparador. Se considera antiafrodisiaco y estimula la producción de leche materna.

ALMOHADÍN DEL SUEÑO

Basta con introducir en la almohada un saquito relleno de 100 gramos de planta seca. Al acostarnos, se respira el aroma, que nos ayudará a dormir.

UNA INFUSIÓN CONTRA EL INSOMNIO

Prepararemos la infusión mezclando en cantidades iguales, estróbilos de lúpulo, flores y hojas de melisa, raíz de valeriana y flores de espino albar, más la mitad de pétalos de amapola. Hervimos el agua y dejamos en infusión durante 10 minutos. Se toman tres tazas diarias, en caliente, la última antes de acostarse.

Indicaciones: Insomnio, ansiedad, hiperactividad, dolores de cabeza, dolores menstruales, indigestiones y cólicos.

Presentación: Infusión, tintura, aceite esencial, pastillas, polvos, en maceración.

MELISA *Melissa officinalis*

Elimina las palpitaciones

Magnífico tónico relajante, que por su efecto como reequilibrador del sistema nervioso contribuye a eliminar las palpitaciones, y que actúa con eficacia contra los mareos, cefaleas, indigestiones, náuseas, flatulencias y otros trastornos gástricos, provocados por la tensión nerviosa.

ACEITE DE MELISA

Basta con verter de 3 a 5 gotas de aceite al baño, al que se pueden añadir una cucharada de aceites esenciales de lavanda y rosas. El aceite esencial se utiliza también para aplicar sobre herpes y heridas cutáneas diversas.

Indicaciones: Nervios, ansiedad, depresión nerviosa, taquicardia, insomnio, jaquecas, inapetencia, indigestión, acidez, náuseas, dolores de cólicos, diarreas, hipertensión, asma, dolores menstruales, calambres musculares, heridas, picaduras, herpes.

Presentación: Infusión, aceite esencial, alcohol de melisa, jugo de planta fresca, extracto fluido y seco, tintura y en compresas.

AVENA *Avena sativa*

El mejor estimulante

La paja y los granos de esta conocida gramínea tienen la virtud de elevar el ánimo, especialmente en la gente de edad avanzada y en los niños. Se utiliza para tratar la depresión y la debilidad nerviosa, así como el agotamiento, la desgana, y como ayuda para la recuperación tras una larga convalecencia. También está indicada para enfermos de esclerosis múltiple.

DECOCCIÓN PARA LA VITALIDAD

Se hierve, durante 5 minutos, una cucharada de postre de paja de avena por cada taza de agua. Se beben tres tazas diarias. También es útil tomar 30 gramos de cereal en el desayuno.

Indicaciones: Depresión, agotamiento nervioso, dolores musculares, neuralgias, hipertensión, edemas, sobrepeso, trastornos urinarios, eccemas, dermatitis.

Presentación: Decocción, infusión, tintura, gotas.

ELEUTEROCOCO *Eleuterococus senticosus*

Vigorizante físico y psíquico

También llamada Ginseng siberiano, es una planta medicinal muy completa, que se muestra útil para acelerar la recuperación tras las convalecencias y como vigorizante contra el estrés y la fatiga. Tiene la virtud de aumentar nuestro rendimiento físico e intelectual, por lo que está muy especialmente indicada para estudiantes en época de exámenes, opositores, deportistas ante un campeonato y en general para mejorar la capacidad de concentración y la agudeza mental.

DECOCCIÓN PARA LA MEMORIA

Hervimos durante diez minutos, a fuego lento, una cucharada sopera de eleuterococo y anís estrellado por 1/4 de litro de agua. Lo dejamos reposar, tapado, toda la noche, para que mantenga intacto el potencial de sus minerales y al día siguiente lo colamos. Tenemos que tomarlo, en ayunas, una vez al día. Notaremos sus efectos a los pocos días.

Indicaciones: Agotamiento nervioso, depresión, hipotensión, astenia, anemias, convalecencias.

Presentación: Infusión, cocimiento, tintura, polvo y comprimidos.

AMAPOLA *Papaver rhoeas*

Somnífero infantil

Esta bella flor, frecuente en las cunetas y márgenes de sembrados, suma a su efecto analgésico una ligera acción sedante y narcótica, que la hace muy recomendable para adormecer suavemente a los niños pequeños y tranquilizar a los ancianos.

TISANA PARA LA TOS INFANTIL

Combinamos 20 gramos de flores de amapola y la misma cantidad de malva, mirto, tomillo e hinojo. Una cucharada sopera de la mezcla por cada taza se hierve durante 2 minutos. Se puede endulzar con limón o miel. Se toma en caliente, tres tazas al día.

Indicaciones: Insomnio, intranquilidad, espasmos, tos.

Presentación: Infusión, polvo, jarabe para la tos.

LAVANDA *Lavandula officinalis, (L. angustifolia)*

Un estupendo tranquilizante

Aquellas personas ya de por sí nerviosas, con un ritmo de vida tenso y acelerado, o que son propensas a los ataques de nervios, tienen en la lavanda un tranquilizante inmejorable. Actúa bien contra la ansiedad y las migrañas, consigue serenar ante la irritación nerviosa e incluso contribuye a mitigar los efectos de la depresión y facilita el sueño. Es también un excelente digestivo, que ayuda a reducir los gases y a eliminar los desagradables retortijones.

Además, el aceite de lavanda diluido resulta ideal para tratar las molestas picaduras de los insectos.

CONTRA LOS NERVIOS

Hervimos agua y dejamos en infusión 8 gramos de sumidades de lavanda por cada taza. Tomamos dos tazas diarias, después de las comidas. Es útil también para mejorar la digestión.

Indicaciones: Ansiedad, insomnio, taquicardia, migrañas, jaquecas, inapetencia, espasmos gastrointestinales, heridas, úlceras, eccemas y picaduras.

Presentación: Aceite esencial, infusión, tintura, alcohol de lavanda, extractos.

Plantas digestivas

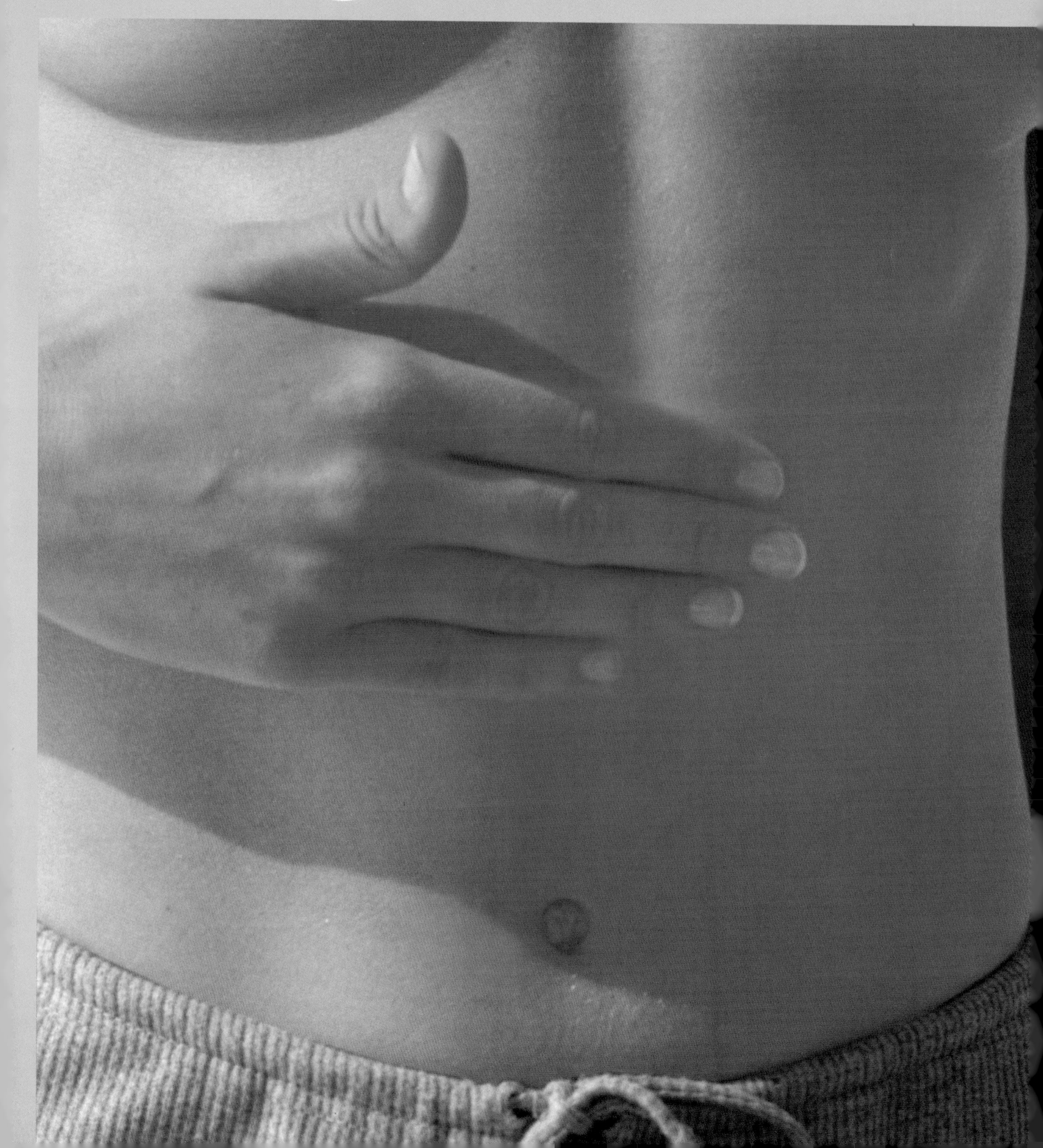

El ritmo de vida actual, muchas veces ajetreado y frenético, la tendencia a consumir comida preparada, con grasas abundantes y de poca calidad, y la incidencia de situaciones de estrés hacen que aumente la posibilidad de padecer trastornos digestivos. Ante ellos la naturaleza ofrece un amplio abanico de plantas reparadoras.

La ***gastritis***, tan común hoy día, es sencillamente un exceso de acidez gástrica. Destacan las causas de tipo psicosomático, y de modo especial el estrés. La segunda gran causa es la dietética. Los alimentos refinados, el exceso de carnes o grasas, de especias fuertes, el uso o el abuso del café y el alcohol tienen sin lugar a dudas un papel predominante en su desarrollo. Plantas antiinflamatorias estomacales como la **papaya** y digestivas como el **anís** o la **alcaravea** nos ayudarán a eliminar el dolor, y otras como la **genciana**, **achicoria** o la corteza de **naranja** nos devolverán el apetito perdido.

Gases y flatulencias

Ciertos alimentos, como las legumbres, son extremadamente flatulentos, pero hay otros aspectos dietéticos que contribuyen a aumentar los gases, como la forma de comer (de manera rápida, con muchos líquidos...). Las alteraciones del estómago, del hígado o de los intestinos pueden conllevar como consecuencia un meteorismo exagerado. El tratamiento de las flatulencias digestivas se realiza con las plantas carminativas como el **anís**, el **hinojo**, el **comino** o la **alcaravea**, entre otras. Ahora bien, estas plantas, y muchas otras que se utilizan en los trastornos digestivos no siempre han de tomarse en forma de tisanas, ya que gran cantidad de ellas pueden utilizarse como condimentos alimentarios de agradabilísimo sabor.

Estreñimiento

Los pequeños efectos nocivos del estreñimiento se van acumulando al cabo de los años. Por ejemplo, es más frecuente que las personas estreñidas padezcan de colesterol, pero también de varices, cáncer de colon o piedras en la vesícula. El estreñimiento pertinaz es una autointoxicación leve pero permanente, que hemos de intentar solucionar con medidas higiénicas y dietéticas. Existen plantas laxantes por su contenido en fibra, como el **lino**, la **zaragatona**, la **malva** o el **agar**, y laxantes más potentes como la **frángula**, el **ruibarbo** o la **cáscara sagrada**. Los laxantes pertenecientes a esta última clase deben utilizarse con moderación, y no como un remedio habitual, ya que acostumbran al intestino al estreñimiento. La toma regular de suplementos de fibra, de kiwis, de frutas y verduras crudas, de cereales integrales, y las ciruelas secas remojadas en agua pueden ayudar enormemente a mitigar los problemas de estreñimiento, pero complementándolo con un ejercicio adecuado.

Diarreas

Cualquier diarrea de larga evolución requiere un control del profesional sanitario, ya que puede estar escondiendo algún otro problema latente. Sin embargo, la mayoría de las diarreas suelen solucionarse con medidas simples como tomar agua con limón, arroz hervido, manzana y zanahoria, y en una segunda fase yogures que suplementen el intestino con microbios benéficos. Las diarreas infecciosas deben tener una supervisión mucho más estricta. Como norma general, toda diarrea que curse con fiebre debería consultarse con el médico. En las diarreas es muy útil utilizar plantas ricas en taninos como la **salicaria**, la **corteza de encina** o el **nogal**, ya que reducirán la fase líquida de la diarrea. La administración de fibras también puede ayudar al formar algo de masa, por lo que suplementos como el agar agar o la pectina, que son tan útiles en el estreñimiento, también lo son en la diarrea.

INFUSIÓN DE MANZANILLA
Indigestiones tras comidas rápidas, desordenadas o copiosas se pueden contrarrestar con esta sencilla infusión.

El mejor de los digestivos

La virtud principal del jengibre es que combate las náuseas, mareos y diarreas, contribuye a frenar la hiperactividad, estimula la circulación y resulta muy útil cuando se tienen problemas de insomnio.

Muy conocido como especia y condimento de cocina, el jengibre es una de las plantas medicinales de más extendido uso en el mundo. Resulta ideal para combatir las indigestiones, con secuelas tan ingratas como náuseas, diarreas o vértigos, pero también para recobrar el apetito, eliminar los gases, cólicos e incluso para aliviar en caso de intoxicación por la ingestión de alimentos en mal estado. Resulta muy aconsejable su consumo tras una comida abundante y fuerte. También se recomienda para prevenir y combatir los mareos en los viajes, y para contrarrestar las náuseas que aparecen tras una operación y aquellas frecuentes sensaciones de mareo matutino que sufren muchas embarazadas.

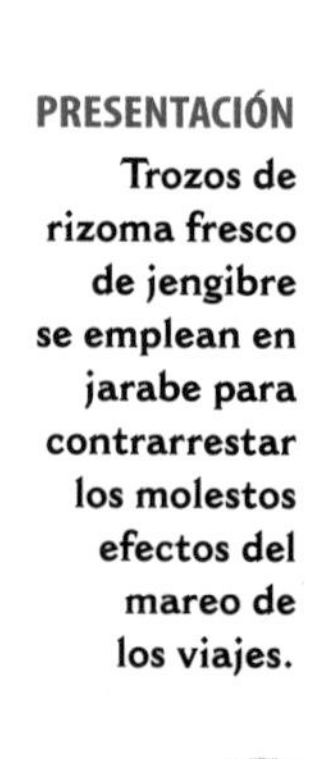

PRESENTACIÓN
Trozos de rizoma fresco de jengibre se emplean en jarabe para contrarrestar los molestos efectos del mareo de los viajes.

Leyendas y tradiciones

En la Europa medieval se creía que procedía del Jardín del Edén y ya se la veneraba por sus portentosos efectos curativos. En la India antigua se consideraba que además de depurar el estómago y los intestinos, limpiaba el espíritu, y por ello se ingería en lugar del ajo en las jornadas que precedían a las fiestas religiosas, para así dulcificar el aliento. Los griegos ya consumían la raíz con pan, tras festines copiosos, para digerir mejor, y de ahí viene el pan de jengibre.

CONTRA LOS DOLORES DE ESTÓMAGO

Una infusión a partir del rizoma troceado combate las náuseas y evita las flatulencias. Basta con tomar una taza tres veces al día, infundiendo una cucharada sopera de raíz por taza de agua y dejándolo hervir de 3 a 5 minutos.

JARABE PARA EL MAREO

Pelamos un trozo grande de rizoma de jengibre y lo partimos en cubitos. Combinamos una taza de azúcar por cuatro de agua, añadimos el jengibre a trozos y lo dejamos a fuego lento, para que se vaya espesando. Se deja reposar toda la noche y el jarabe resultante se deposita en un frasco de cristal opaco, esterilizado. Se toman dos o tres cucharaditas al sentir los primeros síntomas de mareo.

CATAPLASMAS PARA LA CONGESTIÓN DE PECHO

A 2 cucharadas soperas de linaza se añade una más de jengibre. Se hierve la mezcla en medio vaso de leche, obteniendo una masa espesa, que se vierte sobre unas gasas. Se envuelve en un paño y se aplica en caliente sobre el área congestionada, con lo que se consigue ablandar la mucosidad y obtener un alivio casi inmediato.

BAÑOS CONTRA LOS SABAÑONES

Como estimulante circulatorio el jengibre resulta ideal para corregir la mala circulación en pies y manos, contra los sabañones y pieles agrietadas. El baño en caliente se prepara hirviendo durante 5 minutos el contenido de una cucharada sopera de esta raíz, triturada o en polvo. Luego bastará con sumergir de manera alternativa las manos y los codos a intervalos de unos nueve minutos, mientras el agua se mantenga caliente. Es preferible realizar el proceso con el estómago vacío.

CONDIMENTO ÚTIL

Para mejorar la circulación se aconseja rallar raíz de jengibre fresco y espolvorear con él los alimentos.

DATOS DE INTERÉS

Aspectos ecológicos

Se cree que procede de alguna zona tropical de Extremo Oriente. Crece en suelos húmedos y sombreados de selvas lluviosas y pastizales. Hoy día se cultiva por casi todas las regiones tropicales, desde la India a Malasia y China, y en América del Sur, especialmente en Jamaica. Su nombre, zingiber o jengibre, es de procedencia hindú.

Descripción

Planta herbácea perenne, de hasta 60 cm. de alto, tallos erectos, hojas grandes y envolventes y flores amarillentas, en espigas terminales.

Recolección

Se aprovecha el rizoma fresco de la planta, y se conserva entero o troceado.

Propiedades

Aperitivo, estimulante digestivo, carminativo, estimulante circulatorio, antiinflamatorio, laxante, expectorante, febrífugo, antiséptico y analgésico.

Indicaciones

Trastornos digestivos, úlceras gástricas, mareos, náuseas, flatulencias, vértigos, resfriados, gripe, bronquitis, migrañas, hipertensión, mala circulación sanguínea, apoyo en la diabetes, dolores de muelas, neuralgias.

Principios activos

Aceite esencial (zingiberina y otras sustancias), oloerresinas, como el gingerol –responsable de su efecto estimulante–, shogaoles pectina, almidón, etc.

Plantas con las que combina

Linaza, cedro, rosal, palisandro, harpagofito, ulmaria, árnica, cayena, aloe, pasiflora, romero, avena, nerolí, ajo y limón.

Presentaciones

Rizoma fresco, infusión, tintura, aceite esencial, polvo o cápsulas.

Precauciones

- Evitar dosis muy concentradas.
- Mejor abstenerse durante el embarazo y la lactancia y no administrar a niños menores de 6 años.

Un bálsamo tras los excesos

La manzanilla, una hierba muy apreciada por nuestros ancestros, suma a sus excelencias como notable estimulante digestivo, su poder como sedante natural, siendo un remedio ideal para las indisposiciones nerviosas.

Aquellas comidas en exceso rápidas, impuestas por un ritmo de trabajo que no concede tregua al descanso, o por la ingestión de alimentos fuertes, ricos en salsas y aditivos, pueden tener como consecuencia una digestión difícil, que en ocasiones degenera en dolores de vientre o espasmos estomacales. Una situación de estrés crónico o episodios nerviosos puntuales contribuirán a aumentar la sensación de indisposición. Ante este cuadro, la manzanilla se revela como una ayuda inestimable. Es un estimulante digestivo, que favorece el buen funcionamiento de los intestinos y facilita la expulsión de gases. Es además un notable sedante, que aplaca los nervios y serena el ánimo. Resulta eficaz para facilitar el sueño en los niños y para calmar las dolencias de la mujer durante el periodo y las náuseas durante el embarazo. Es un buen remedio para aliviar el dolor de cabeza y aplicada sobre los ojos, ideal en vista cansada tras una larga jornada de trabajo frente al ordenador. Por su efecto antiespasmódico rebaja la tensión muscular y combate los dolores provocados por el ejercicio intenso o las malas posturas.

Leyendas y tradiciones

El nombre genérico de *Matricaria* deriva de matriz, en clara referencia a sus aplicaciones ginecológicas, y el término específico de chamomilla, miel en griego, alude a su aroma y sabor dulzón, que recuerda al de las manzanas. Los antiguos egipcios ya la utilizaban para combatir las fiebres, los dolores del hígado y el intestino.

DATOS DE INTERÉS

Aspectos ecológicos
Crece en terrenos secos y soleados, en márgenes de caminos y sembrados de la mayor parte de Europa.

Descripción
Planta anual de 60 cm, con las hojas filiformes y bellas y olorosas flores de botones amarillos y lígulas blancas.

Recolección y conservación
Se recolectan en primavera y se aprovechan los capítulos florales, que se conservan secos, en recipientes cerrados.

Propiedades
Digestiva, carminativa, colerética, antiespasmódica, sedante, antiinflamatoria, antialérgica, emoliente, antiséptica.

Indicaciones
Inapetencia, náuseas, vómitos, indigestiones, diarreas, gastritis, acidez de estómago, cólicos flatulentos, hipo, síndrome del colon irritable, trastornos nerviosos, estrés, irritabilidad nerviosa, insomnio infantil, dolores musculares, dolores menstruales, alergias, asma suave, irritaciones cutáneas, eccemas, picaduras, hinchazones, molestias oculares, conjuntivitis.

Principios activos
Aceite esencial, flavonoides, cumarinas, mucílagos, glicósidos amargos, matricina y matricarina (precursoras del camazuleno, responsable de sus efectos sedantes y digestivos). Sales minerales y taninos.

Plantas con las que combina
Anís verde, menta, angélica, hinojo, crisantemo chino (Jun hua), olmo rojo, saúco, malva, malvavisco, tilo, aciano, olivo, valeriana, verbena, lúpulo, lavanda, alcaravea, ajo, harpagofito, cola de caballo, caléndula, salicaria, gayuba y milenrama.

Presentaciones
Infusión, decocción, aceite esencial, tintura, cremas y extractos secos.

Precauciones
- Evitar el aceite esencial durante el embarazo y la lactancia, y en niños menores de seis años.

TISANA DIGESTIVA

Ideal para después de aquellas comidas que sientan mal, reduce las náuseas y los vómitos. Se hierven, durante apenas 2 minutos, de 6 a 8 cabezuelas de manzanilla por cada taza de agua. Una vez colado, se deja en reposo unos minutos y se toma bien caliente, justo después de acabar de comer.

INFUSIÓN CONTRA LAS NÁUSEAS DEL EMBARAZO

Para las madres a partir de su tercer mes de gestación, que experimentan indisposición general y frecuentes náuseas, se recomienda la infusión de manzanilla, de la que basta con tomar tres tazas diarias.

INFUSIÓN CARMINATIVA

Para facilitar la expulsión de gases, combinamos a partes iguales manzanilla y anís verde, una cucharada de postre de la mezcla por taza de agua. Se hierve el agua dos minutos, se echa la planta y se deja reposar diez más. Se bebe en caliente tras cada comida.

INFLAMACIONES OCULARES

Se mezcla a partes iguales una cucharada sopera de manzanilla, flores de saúco y pétalos de rosa por vaso de agua. Lo hervimos tres minutos y tras dejarlo reposar, se cuela y se vierte el líquido en compresas de algodón, con las que se aplicarán repetidos toques sobre los párpados cerrados.

NIÑOS NERVIOSOS

Hervimos cuatro cucharadas de manzanilla seca por medio litro de agua. Se cuela y se añade en el baño del niño o niña, con lo que conseguiremos apaciguar el ánimo y ayudarle a dormir.

GENCIANA *Gentiana lutea*

Elixir contra la falta de apetito

La genciana, planta que crece en los prados de altura, resulta excelente para combatir la mala digestión y los nervios, ayuda a frenar la hiperactividad y resulta muy útil cuando se tienen problemas de insomnio.

Es un tónico aperitivo que facilita la secreción de jugos digestivos, sirve para tratar muy diversos trastornos gástricos derivados de una mala digestión como las flatulencias, la dificultad para evacuar, el hipo y los dolores de vientre y actúa también como estimulante de las funciones del hígado y la vesícula biliar. Su contenido en principios amargos provoca un aumento de la secreción de saliva y de ácidos gástricos, lo que contribuye a equilibrar de manera global el sistema digestivo y protegerlo ante posibles indisposiciones. Ejerce un efecto tónico sobre el organismo, aumentando las defensas contra las infecciones, revelándose así como un remedio muy eficaz para prevenir los catarros y la gripe, y contribuye a agilizar una recuperación reparadora tras una convalecencia o en situaciones de anemia y debilidad general.

Curiosidades

Se dice que fue Gentio, el rey de los esclavones, el primero en hablar de los poderes de esta planta, y a él debe su nombre. Ganaderos de los países del norte de Europa se valían de la genciana para sanar a los cerdos y, convertida en polvo, se mezclaba en el pienso para prevenir que los animales pudieran contraer enfermedades.

REMEDIOS

RAÍZ CRUDA PARA ESTIMULAR EL APETITO

Para personas con apetito escaso, se puede tomar un trozo de raíz de genciana cruda y dejamos que se disuelva lentamente con la saliva, aunque la primera vez no será fácil acostumbrarse a su sabor amargo. Existe la alternativa de ingerirla como tisana tónica. Para ello dejaremos durante toda la noche una cucharadita de genciana en dos dedos de agua, y al día siguiente lo filtramos bien y bebemos unos sorbos en ayunas antes de las comidas. Es útil también en trastornos de la evacuación y contra las flatulencias.

INFUSIÓN ESTIMULANTE

La genciana aporta aquí su poder para fortalecer nuestras defensas. Mezclamos 20 gramos de raíz de genciana con 40 gramos de flores de manzanilla y una corteza de limón. Echamos la hierba en un litro de agua hirviendo y dejamos reposar durante diez minutos. Tomamos una tacita por la mañana y otra por la tarde, endulzadas con algo de miel.

TISANA PARA PROBLEMAS DE HÍGADO

Es un remedio eficaz para aliviar la inflamación de la bilis y en ciertos casos de hepatitis e ictericia. Se mezcla a partes iguales genciana con boldo, menta, angélica, cardo mariano, alcachofera y cachurerra menor. Se deja la mezcla toda la noche en agua y se toma, en ayunas, una cucharada por medio vaso de agua y se añaden unas gotas de limón para mejorar el sabor.

BAÑO CONTRA LAS MANCHAS

Para eliminar las molestas manchas oscuras en la cara y las manos. Se mezcla una cucharadita del combinado de genciana y diente de león en medio vaso de agua. Se hierve durante 5 minutos, se deja enfriar, se cuela y se le añaden unas gotas de limón. Con ello empapamos un trozo de algodón, que aplicaremos sobre las manchas para blanquearlas.

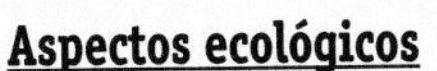

DATOS DE INTERÉS

Aspectos ecológicos

Crece en prados húmedos de montaña, por encima de los mil metros de altitud, una vez que las nieves se retiran del paisaje. Las gencianas tardan unos diez años en florecer y pueden vivir hasta unos 50 años.

Descripción

Planta de hasta 120 cm, con el tallo erguido, grandes hojas de color verde azulado, y hermosas flores amarillas, que crecen en grupos en las axilas de las hojas.

Recolección y conservación

El rizoma y la raíz. Se recolecta en otoño, antes de que caigan las primeras nieves, o en primavera, cuando éstas ya se han retirado. Se conserva troceada en pequeñas virutas y guardada en tarros de cristal siempre herméticos.

Propiedades

Digestiva, aperitiva, antipirética, antianémica, colerética, colagoga, emenagoga, antihelmíntica, cicatrizante, antiinflamatoria, febrífuga, hemostática, aumenta las defensas orgánicas y el número de glóbulos blancos.

Indicaciones

Inapetencia, indigestiones, acidez de estómago, disfunciones hepáticas, ictericia, convalecencias, prevención de catarros, menstruaciones abundantes, anemia.

Principios activos

Gencisina, genciósido, principios amargos (amarogentina y genciopricina), pectinas, lípidos y una proporción de aceite esencial.

Plantas con las que combina

Menta, angélica, boldo, poleo, centaura menor, diente de león, cardo mariano, alcachofera, ortiga, marrubio, verbena, ruibarbo chino, equinácea y limón.

Presentaciones

Extractos fluidos, polvos, jarabe, tintura, decocción, té y vino de genciana.

Precauciones

- No se recomienda a embarazadas y durante la lactancia.
- Evitar dosis altas, son vomitivas.

Las semillas contra el mal aliento

Gastroenteritis, gases, mal aliento y parásitos intestinales pueden ser evitados de manera natural con la ayuda de las semillas de anís.

El anís forma parte de las plantas *carminativas* por excelencia, junto al hinojo, el comino, la alcaravea, etc. Es muy eficaz, por tanto, para expulsar los gases y reducir la hinchazón de vientre, evitar las flatulencias y eliminar las náuseas y el mal aliento. Se puede administrar sin problemas a niños y bebés para aliviar cólicos. Favorece la secreción de los jugos gástricos y la asimilación de los alimentos, resultando ideal en digestiones difíciles. Facilita la expulsión de los gusanos intestinales.

Leyendas y tradiciones

Junto con el comino y la menta, se consideraba un tributo a pagar en concepto de impuesto. Ya Dioscórides, en la Antigua Grecia, destacaba su fama como remedio digestivo, que además servía para eliminar el dolor de vientre las flatulencias, el mal aliento y aplacar la sed. Cuenta la tradición que las mujeres tomaban anís para recobrar la frescura de su aliento y evitar así ser abandonadas por sus maridos.

REMEDIOS

TISANA CARMINATIVA

Infusión muy indicada para expulsar gases y mejorar la digestión. Mezclamos 30 gramos de anís, 30 de hinojo, 10 de cilantro y 10 más de alcaravea. Hervimos durante 3 minutos una cucharada de postre llena de la mezcla por vaso de agua, y lo dejamos luego reposar 10 minutos más. Se toma después de las comidas mientras se mantenga la sensación de indigestión.

INFUSIÓN PARA LACTANTES

El anís aumenta la secreción de leche materna. Se combina anís con cola de caballo, hinojo, poleo y galega *(Galega officinalis)*, se vierte una cucharada sopera llena de la mezcla por 1/4 de litro de agua, se hierve 2 minutos y se deja reposar cinco más. La decocción se toma unos veinte minutos antes de dar de pecho al bebé.

DATOS DE INTERÉS

Aspectos ecológicos
Originario del Mediterráneo oriental, probablemente de Egipto y Palestina. Según algunos autores fue introducido en España por los árabes en la Edad Media. Hoy día se cultiva extensamente en plantaciones por todos los paises de clima templado, siendo nuestro país uno de los principales productores mundiales.

Descripción
Planta anual, de hasta un metro de alto, con el tallo erecto y muy ramificado, las hojas simples o trilobuladas y flores blancas, agrupadas en umbelas terminales.

Recolección y conservación
Florece de junio a agosto y emanan un aroma dulce. Se recolectan los frutos para extraer las semillas.

Propiedades
Digestiva, aperitiva, carminativa, antiespasmódica, mucolítica, expectorante, diurética, antiséptica, vermífuga y aromatizante.

Indicaciones
Inapetencia, digestiones difíciles, mal aliento, flatulencia, gases, espasmos gastrointestinales, parásitos intestinales, dolencias respiratorias, asma, bronquitis, tos ferina, trastornos menstruales.

Principios activos
Aceite esencial, compuesto principalmente de anetol, ácidos grasos, flavonoides, glúcidos, esteroles, proteínas y cumarinas.

Plantas con las que combina
Genciana, comino, alcaravea, hinojo, cilantro, cola de caballo, poleo, artemisa, angélica, manzanilla, hierbaluisa, menta, bolsa de pastor, malvavisco, ajedrea, eucalipto, tomillo.

Presentaciones
Aceite esencial, infusión, tintura, polvos, extractos seco y fluido, licor.

Precauciones
- Evitar dosis altas de aceite esencial, de una manera especial las embarazadas, lactantes y niños menores de seis años.

Un digestivo perfumado

Esta planta de aroma anisado tiene la virtud de aliviar el dolor de estómago y de combatir con éxito numerosas indisposiciones digestivas.

El hinojo, por su efecto como estimulante gástrico y por su fuerza como agente carminativo, favorece la buena digestión, la eliminación de gases y reduce la hinchazón de vientre. Es un buen remedio contra el estreñimiento, pero también para frenar las diarreas. Por su acción suave y su sabor amable, resulta especialmente indicado para administrar a niños y bebés, aquejados de molestias intestinales, retortijones, cólicos, flatulencias o para estimularles el apetito. Y es que el hinojo es un recurso eficaz para devolver el hambre a aquellos niños difíciles a la hora de comer. También reduce las molestias en los bebés cuando aparecen los dientes, y contribuye a aumentar la leche materna.

Leyendas y tradiciones

Muy conocido en la antigua Roma y apreciado por su delicado aroma, se cultivaba para consumir los brotes tiernos. Durante la Edad Media se la consideró una planta mágica, capaz de deshacer los designios de la brujería. Y era costumbre, la víspera del solsticio estival, colgar un manojo de hinojo en la puerta de la casa para ahuyentar a los malos espíritus. El nombre que los antiguos griegos daban a esta planta, *marathron*, significa crecer esbelto y se cree aludía a esta virtud. Se decía que el hinojo confería vigor y fortaleza a quien lo probaba, y que podía alargar la vida.

REMEDIOS

INFUSIÓN CONTRA LAS DIARREAS

Combinamos en cantidades de 20 gramos hinojo, zarzamora, hojas de roble, salicaria y bayas de rosal. Se infunde una cucharada sopera de la mezcla por cada taza de agua y se toman 2 o tres tazas después de las comidas. Se puede mejorar el sabor añadiendo miel o limón.

JARABE DIURÉTICO

Mezclamos cien gramos de raíz de hinojo, perejil, apio y esparraguera en un 1/4 de litro de agua. Hervimos durante 4 minutos, lo tapamos y lo dejamos en maceración durante 24 horas. A continuación se cuela y se le añaden 400 gramos de azúcar integral. Se vuelve a calentar hasta que se disuelva. Se toman cinco cucharadas soperas al día, mezcladas en agua.

BAÑO PARA LOS OJOS

Para aliviar los ojos cansados, una infusión de hinojo, a la que añadimos sal, y se aplica empapando algodón y dando unos toques suaves sobre los párpados cerrados.

TISANA DIGESTIVA Y CARMINATIVA

Vertemos una cucharada de frutos de hinojo machacados por cada taza de agua, cuando ésta arranque a hervir. Se toma caliente después de las comidas principales. Es apta también para eliminar las náuseas durante el embarazo.

DATOS DE INTERÉS

Aspectos ecológicos
Crece sobre suelos pobres y secos en campos, bordes de caminos y sembrados. Es originario de la cuenca mediterránea

Descripción
Planta aromática de hasta 120 cm de alto, ramificada, hojas plumosas y flores amarillentas, en umbelas.

Recolección y conservación
Se recoge en primavera y se aprovechan los frutos, con sus semillas –de las que se obtiene el aceite esencial– y los bulbos.

Propiedades
Digestiva, carminativa, galactógena, antiespasmódica, antiséptica, mucolítica, expectorante, diurética, antiinflamatoria.

Indicaciones
Indigestiones, dolores de estómago, inapetencia, estreñimiento, flatulencias, diarreas, náuseas durante el embarazo, espasmos gastrointestinales, amenorrea, trastornos genitourinarios, cistitis, cálculos renales, gingivitis, faringitis, inflamaciones oculares, conjuntivitis.

Principios activos
Aceite esencial (anetol, estragol), glúcidos, fitosteroles, cumarinas, flavonoides en las hojas.

Plantas con las que combina
Anís, comino, alcaravea, genciana, manzanilla, poleo, menta, hierbaluisa, perejil, apio, esparraguera, escaramujo, zarzamora, salicaria, maíz, alcachofera, cardo mariano y diente de león.

Presentaciones
Aceite esencial, infusión, jarabe, té de hinojo, polvos, cataplasmas, decocción, extractos seco y fluido.

Precauciones
- No administrar el aceite esencial a niños menores de seis años, durante el embarazo y la lactancia.
- No superar las dosis pues podrían presentarse efectos secundarios.

OTRAS PLANTAS DIGESTIVAS

RUIBARBO CHINO *Rheum palmatum*

El mejor purgante natural

El ruibarbo chino o Du Huang es una planta que se viene utilizando en China desde hace más de dos mil años, y está considerada en herboristería como el purgante natural más adecuado que se conoce. En dosis altas, bajo asesoramiento profesional, es ideal para estreñimientos prolongados o puntuales, ayuda a evacuar sin molestias y depura los intestinos. Es además un excelente tónico digestivo, que estimula el apetito y alivia los dolores estomacales. Se usa también en infecciones bucales diversas.

PARA CASOS DE ESTREÑIMIENTO PERSISTENTE

Una decocción de raíz de ruibarbo. Se hierven 30 gramos de raíz por litro de agua y se deja reposar 15 minutos. Basta con tomar dos cucharaditas de postre antes de acostarse.

Indicaciones: Estreñimiento, irritación intestinal, diarreas, cólicos, infecciones bucales, forúnculos, quemaduras.

Presentación: Infusión, decocción, tintura, pastillas.

OLMO ROJO *Ulmus rubra*

Contra la acidez de estómago

Aquellas personas obligadas a comer fuera de casa a diario, en almuerzos de negocios donde se abusa del alcohol, o comidas rápidas y poco equilibradas con la ayuda del microondas, son propensas a padecer gastritis agudas, que usualmente pueden acarrear diarreas y hasta vómitos. La corteza de un portentoso árbol norteamericano, el olmo rojo, puede ser un buen remedio para contrarrestar estos excesos, mitigar la acidez de estómago y devolver la normalidad al aparato digestivo.

INFUSIÓN CONTRA LA ACIDEZ DE ESTOMAGO

Echamos tres cucharaditas de postre de corteza de olmo en polvo en 1/4 de litro de agua, una vez que ha llegado al primer hervor. Se le añade entonces canela para mejorar el sabor, y se ingiere tres veces al día, tras las comidas.

Indicaciones: Indigestiones, diarreas, vómitos, estreñimiento, inflamación intestinal, colon irritable, problemas urinarios, cistitis, afecciones de la piel.

Presentación: Infusión, tintura, cataplasma, pastillas.

POLEO *Mentha pulegium*

Para recobrar el apetito

Planta muy conocida y empleada por nuestros abuelos como tisana contra todo tipo de problemas digestivos, como dolores de vientre y del estómago, indisposiciones, náuseas y para evitar las ventosidades. Ayuda a recobrar el apetito y a reducir los espasmos gastrointestinales.

DOLORES DE VIENTRE Y PROBLEMAS MENSTRUALES

Mezclamos 10 gramos de poleo-menta con la misma cantidad de manzanilla, orégano, mejorana, la mitad de anís y apenas una hoja de ruda. Se hierve en 1/4 de litro de agua durante 3 minutos y se bebe después de las comidas.

Indicaciones: Inapetencia, indigestiones, flatulencias, espasmos gastrointestinales, parásitos intestinales, jaquecas, dolores menstruales, catarro, inflamaciones de la piel, eccemas, gota, cistitis.

Presentación: Infusión, aceite esencial, extracto fluido, té de poleo.

PACIENCIA *Rumex crispus*

Contra el estreñimiento

Ante un estreñimiento pertinaz, nada mejor que tener a mano paciencia. Esta planta de espigas marrones se revela como un laxante suave, que estimula el funcionamiento del colon y ayuda a expulsar las heces con mayor facilidad, pero al mismo tiempo actúa bien para frenar las diarreas. Ejerce asimismo un efecto purificador en la sangre, el hígado y el aparato urinario, consiguiendo eliminar las toxinas del cuerpo. Es por ello útil para tratar el acné, los eccemas y otras afecciones cutáneas.

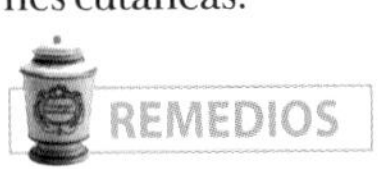

REMEDIOS

ESTREÑIMIENTO

Combinamos tres cucharadas de postre de paciencia y diente de león con una de regaliz. Se hace un cocimiento de la mezcla en 750 ml de agua y tras dejarlo reposar 10 minutos, se toman dos tazas diarias, durante dos semanas.

Indicaciones: Estreñimiento, diarreas, acidez de estómago, eccemas, psoriasis, problemas reumáticos.

Presentación: Infusión, decocción, tintura, jarabe.

AGRIMONIA *Agrimona eupatoria*

Tónico contra las diarreas

Cambios de alimentación o de aguas, o la ingestión de alimentos en mal estado pueden provocar diarreas, a veces persistentes. Por su riqueza en taninos, la agrimonia se revela como un magnífico astringente natural, que ayuda a frenar las diarreas, y que actúa también como un tónico digestivo suave, capaz de aliviar la presión en el estómago y vientre. La agrimonia tiene también la facultad de cicatrizar heridas, por favorecer la coagulación de la sangre.

REMEDIOS

TINTURA CONTRA LAS DIARREAS

Util para llevar en vacaciones y viajes. Se mezclan tinturas de las siguientes plantas y en las cantidades indicadas: 35 ml de agrimona, 25 de bistorta, 20 de malvavisco y 10 de madreselva europea. Se vierte la mezcla de todas ellas en un frasco de vidrio translúcido, y se toman 10 ml disueltos en agua caliente, tres veces al día.

Indicaciones: Diarreas, estomatitis, úlceras y heridas cutáneas, trastornos urinarios, cistitis, faringitis, laringitis, rinitis alérgicas, reumatismo y artritis.

Presentación: Infusión, decocción, tintura, pastillas.

Plantas circulatorias

No son pocas las plantas, algunas de ellas muy comunes, que tienen la virtud de mejorar la circulación sanguínea, y que se han recomendado para tratar dolencias circulatorias muy diversas, desde hemorroides y varices a hipertensión, anemia y palpitaciones, o como prevención de la arteriosclerosis o de embolias.

Para tratar la ***hipertensión*** hay que mejorar globalmente el estilo de vida, comiendo menos grasas, evitando el sedentarismo y la obesidad y practicando alguna técnica de relajación. Las plantas brindan un tratamiento complementario. Entre ellas destacan el **ajo**, el **espino blanco** y las hojas de **olivo**, a las que suele añadirse alguna planta diurética como los estigmas de **maíz** o el **diente de león**. La hipertensión grave no puede tratarse sólo con plantas, menos potentes que los fármacos modernos. No obstante el uso conjunto de fármacos de síntesis y de plantas medicinales puede hacer reducir la necesidad de los primeros.

La tensión baja, o ***hipotensión***, es el problema opuesto, y aunque poca gente la tiene de forma permanente, una bajada de tensión hace que falten las fuerzas y el ánimo. En este caso suelen utilizarse el **romero** o el **escaramujo**.

Arteriosclerosis

La arteriosclerosis va ligada a otros problemas como el colesterol o la tensión elevada, o la presencia de otras enfermedades como la diabetes. Como existe una menor elasticidad arterial, la sangre no llega adecuadamente a ciertos territorios. Uno de los más sensibles a la reducción del riego sanguíneo es la zona cerebral. Reducciones momentáneas de riego produce mareos, hipotensión, sensación de zumbidos en los oídos, y muy especialmente vértigos, por afección del oído interno, sede de los órganos del equilibrio. El **ginkgo** es el tratamiento de elección, tanto en la medicina naturista como en la ortodoxa, donde se utiliza con gran éxito.

Insuficiencia cardiaca

Afecta a las personas de la tercera edad, y mucho más si han sido fumadores. Convencionalmente se administran tónicos cardiacos, muchos de los cuales están extraídos a partir de plantas. Las tonificantes cardiacas más potentes, como la **digital** o los derivados del **estrofanto**, sólo deberán ser tomadas bajo prescripción médica.

Sin embargo, el espino blanco también tiene una acción cardiotónica bastante interesante, así como la **convalaria** o el **botón de oro** *(Adonis vernalis)*.

Hemorroides

Las hemorroides se suelen presentar en sus inicios como unas pequeñas dilataciones o bultitos situados alrededor del ano, que sangran en momentos de mayor estreñimiento, de mayor tensión nerviosa, o como reacción a una comida especialmente abundante o fuerte. Los alimentos picantes y carentes de fibra, el embarazo, el sedentarismo, el estreñimiento, la conducción de vehículos y la toma de ciertos medicamentos pueden favorecer su aparición. Las plantas medicinales en el tratamiento se pueden aplicar por vía externa, en forma de baños de asiento con **llantén**, hojas de **zarzamora**, **tormentila** o **salicaria**; o bien por vía interna, en cuyo caso serán las mismas plantas que en el tratamiento de las varices, pero en una concentración más elevada, de aproximadamente el doble de dosis: **castaño de indias**, el **meliloto**, el **arándano** o el **rusco** son muy útiles como tónicos venosos.

Palpitaciones

Mucha gente atribuye a las palpitaciones un origen de enfermedad del corazón, pero en general no es así, ya que las palpitaciones son simplemente un aumento del ritmo cardiaco, y así lo sentimos conscientemente. En este caso el espino albar es una planta idónea.

ESPINO ALBAR
Excepcional regulador sanguíneo, ayuda a reducir la ansiedad y las palpitaciones.

ESPINO ALBAR *Crataegus monogyna*

Aliado del corazón

Este bello arbusto de márgenes de bosques y caminos es uno de los más efectivos reguladores del flujo sanguíneo que aporta la naturaleza.

Lo primero que hay que alabar del espino blanco o albar son sus propiedades cardiotónicas, que lo convierten en un aliado a tener en cuenta para todas aquellas personas con problemas de corazón. Está especialmente indicado en casos de insuficiencia cardiaca, lesiones valvulares o tras un infarto de miocardio reciente en perturbaciones del ritmo cardiaco, arritmias, taquicardias y fibrilación auricular. Aumenta el riego sanguíneo en las arterias coronarias y combate el espasmo causante de la angina de pecho. Reduce el riesgo de padecer arteriosclerosis. Tiene además un efecto regulador sobre la tensión arterial, capaz de hacerla descender en quienes la tienen alta y provocar su ascenso si se padece hipotensión. Es ideal para personas de edad avanzada, con problemas cardiacos y pérdida de memoria, al favorecer la circulación sanguínea en el cerebro. Y es que por su elevada acción cardiotónica es la base de muchos medicamentos para tratar los trastornos circulatorios, y en muchos países europeos, como Alemania, los médicos lo prescriben como tratamiento preventivo al menor síntoma de insuficiencia cardiaca.

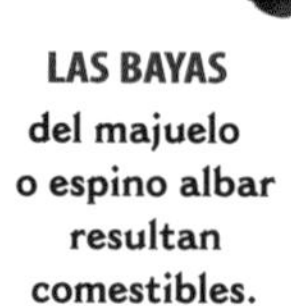

LAS BAYAS del majuelo o espino albar resultan comestibles.

Combinado con plantas sedantes como la valeriana y el tilo, el espino actúa bien contra el estrés, la ansiedad y otros trastornos nerviosos.

Leyendas y tradiciones

Los antiguos griegos creían que el espino tenía un efecto inmediato como vigorizante para las cabras, de ahí procede su denominación científica, *Crataegus*, es decir, cabras fuertes. La tradición popular aseguraba que entrar en una casa con un ramillete de flores de majuelo equivalía a presagiar una muerte cercana. Con la raíz se fabricaban cepillos y hachas, y la madera ofrecía una buena lumbre a los hogares campesinos.

REMEDIOS

INFUSIÓN CONTRA LA ARTERIOSCLEROSIS

Para prevenir un infarto de miocardio y la trombosis cerebral.

Mezclamos a partes iguales 10 gramos de espino albar, alcachofera, hipérico, muérdago, vincapervinca y hojas de olivo. Hervimos durante 3 minutos, echamos una cucharada de la mezcla por taza de agua, se cuela y se deja reposar 15 minutos. Se debe tomar en periodos de 9 días seguidos cada mes.

INFUSIÓN PARA REGULAR LA TENSIÓN SANGUÍNEA

Calentamos una cucharadita de esta planta por una taza de agua. Se mantiene en reposo 10 minutos y se cuela. Debemos ingerirlo lentamente, para que lo asimile el organismo. Bastan dos tazas al día, una en ayunas y la otra al acostarse, pero en épocas de mayor tensión puede aumentarse a tres.

DATOS DE INTERÉS

Aspectos ecológicos
Crece sobre suelos húmedos, formando espesos setos al borde de bosques, matorrales, caminos, riberas de torrentes y barrancos.

Descripción
Arbusto caducifolio, con ramas armadas de espinos, hojas trilobuladas y bellas flores blancas en umbelas.

LA HIERBA
Para infusión se utilizan las sumidades floridas.

Recolección y conservación
Flores en primavera y frutos al final del verano. Se conservan secas y emanan un sutil aroma que recuerda a la tila. Los frutos tienen un sabor acre, pero son muy apreciados por los pájaros del bosque.

Propiedades
Acción cardiotónica, regulador de la tensión arterial, dilatador de los vasos sanguíneos, antioxidante, diurético, sedante y antiespasmódico.

Indicaciones
Problemas circulatorios diversos, trastornos del ritmo cardiaco, enfermedades coronarias, arteriosclerosis, angina de pecho, hipertensión, recuperación postinfarto, úlceras por estrés, trastornos neurovegetativos, taquicardias, ansiedad.

Principios activos
Flavonoides, aminas, polifenoles, ácidos cafeico y clorogénico, cumarinas y taninos.

Plantas con las que combina
Pasionaria, valeriana, lúpulo, tilo, ginkgo, hipérico, mejorana, alcachofera, muérdago, vara de oro, kava-kava, hinojo, maíz y olivo.

Presentaciones
Infusión, decocción, tintura, jarabes y extractos secos y fluidos.

Precauciones
- No sobrepasar las dosis indicadas.
- En caso de hipertensión, administrar bajo supervisión médica.

TISANA CONTRA LAS TAQUICARDIAS

Para personas afectadas por estados de inquietud y congoja o para combatir desánimos persistentes que pueden traducirse en ahogos y aceleraciones del pulso. Combinamos a partes iguales 10 g de espino albar con mejorana, pasionaria, tila y anís estrellado, en una proporción de una cucharada rasa de la mezcla por taza, y se le añade una ciruela seca. Se deposita la hierba en el agua recién hervida y se debe dejar reposar tapado durante 15 minutos, para luego colar. Hay quien prefiere endulzar con miel. Se recomiendan 3 tazas diarias durante un mes, tras el cual las taquicardias deberían haber desaparecido y las pulsaciones haber recuperado un ritmo normal.

Aniquilador de toxinas

LAS HOJAS DE ORTIGA
Constituyen un alimento muy rico en calcio, que se toma en sopa, tortilla, o como ensalada. Hervidas y aliñadas con aceite y sal, son ideales para personas con falta de apetito y para diabéticos.

De la ubicua ortiga poca gente sabe que es una poderosa planta medicinal, capaz de detener hemorragias y un tónico depurativo muy adecuado para eliminar las toxinas a través de la orina.

Probablemente no existe otra planta con peor reputación. Y es que quién no se habrá visto asaltado alguna vez por su punzante escozor caminando por el bosque. Es la odiada ortiga, una planta que sin embargo atesora un sinfín de remedios beneficiosos para nuestra salud.

Su efecto hemostático le confiere la fuerza para detener hemorragias muy diversas, por lo que puede resultar muy útil para escolares y deportistas, que por los riesgos propios de su actividad son especialmente propensos a pérdidas de sangre por la nariz o a sufrir heridas sangrantes en rodillas, codos y en otras partes del cuerpo. No menos eficaz es para tratar menstruaciones abundantes. La ortiga es un excelente regulador general del organismo, que además de disminuir la glucosa de la sangre, destaca por su fuerza depurativa, incrementando la formación de orina, la disolución de arenillas y eliminando con ello las posibles toxinas. Por ello está especialmente indicada en todo tipo de trastornos urinarios, gota, edemas y problemas de sobrepeso debidos a una retención de líquidos.

Leyendas y tradiciones

Se cuenta que Cayo Petronio exhortaba a los hombres que querían aumentar su virilidad a que se golpearan el bajo vientre con ramilletes de ortiga fresca, y que él mismo llegó a experimentarlo. El tan molesto escozor lo producen los sutiles pelillos urticantes que recubren toda la planta, y que al contacto con la piel, se abren y vierten su contenido irritante en la herida recién abierta. Bastan 10 mg para producir una ardiente picazón.

DATOS DE INTERÉS

Aspectos ecológicos
Es una planta muy común, que se encuentra con facilidad en cunetas, taludes, barrancos, escombreras y márgenes de bosques y sembrados. Está presente en todos los países de clima templado.

Descripción
Planta vivaz, de hasta 1 metro de alto, que en primavera luce diminutas flores amarillentas en la ortiga macho, y parduzcas, en un estigma, en la hembra.

Recolección y conservación
Se utilizan la raíz y el rizoma, que se recolectan en otoño, y la planta entera –hojas, tallo y sumidades floridas–, durante todo el año. Se deja secar a la sombra, y una vez seca, los pelillos dejan de ser urticantes.

Propiedades
Antihemorrágica, hipoglucemiante, tónica, antialérgica, antihistamínica, diurética, remineralizante, colagoga, analgésica y antiinflamatoria.

Indicaciones
Hemorragias nasales, heridas sangrantes, anemia, prostatitis, uretritis, enuresis, gota, edemas, dolor en articulaciones, irritaciones cutáneas, eccemas, acné, picaduras de insectos, asma, fiebre del heno y otras alergias. Aumenta la secreción de leche materna.

Principios activos
Flavonoides como el quercetol, ácidos orgánicos, mucílagos, histamina y serotonina en los pelos urticantes. Taninos y polifenoles.

Plantas con las que combina
Caléndula, pensamiento, cardo mariano, alfalfa, alcachofera, genciana, centaura, avena, miel.

Presentaciones
Infusión, decocción, jarabe, tintura, jugo de planta fresca, extractos fluido y seco, pomada, sopa de ortiga.

Precauciones
- La planta fresca tiene un efecto urticante sobre la piel.
- Como remedio diurético debe ser evitado por personas con problemas de hipertensión arterial, cardiopatías o insuficiencia renal.

ORTIGA EN POLVO
De la raíz se obtienen polvos y las sumidades sirven para infusión.

REMEDIOS

HEMORRAGIAS NASALES

Se recomiendan tapones para la nariz, empapando el algodón con el jugo resultante de machacar ortiga fresca y alfalfa con la ayuda de un mortero. Otra solución es una infusión con una cucharada sopera de sumidades de ortiga, disueltas en 750 ml de agua hirviendo. Se deja reposar cinco minutos y se toma caliente, hasta cuatro tazas diarias.

VIGORIZANTE GENERAL

Es un tónico reconstituyente, que alimenta y vigoriza sin engordar. Mezclamos una cucharada de ortiga, sésamo, avena, cardo mariano, más un higo seco, dos dátiles y tres pasas. Se hierve en agua a fuego lento durante 15 minutos, y una vez frío, se cuela. Se puede ingerir cada vez que se tenga sed como un jarabe. También se puede consumir en polvo, mezclando una cucharadita de hojas trituradas en el yogur.

PROBLEMAS DE PRÓSTATA

Es útil una decocción de la raíz de ortiga, de la que debemos beber una taza diaria en ayunas.

PROBLEMAS REUMÁTICOS

Una manera de combatir los dolores reumáticos es sacudir suavemente ramilletes de ortiga fresca sobre los miembros doloridos y las articulaciones, lo cual produce un efecto revulsivo al atraer la sangre hacia la piel y descongestionar así los tejidos internos. Pero sin embargo debe evitarse en casos de inflamaciones graves.

PARA REBAJAR EL AZÚCAR DE LA SANGRE

Combinamos a partes iguales hojas de ortiga, eucalipto, alcachofera, centaura, genciana, copalchi *(Coutarea latiflora)* y cuasia *(Cuasi amara)*, en una proporción de una cucharada sopera rasa por vaso de agua. Se macera toda la noche y al día siguiente se filtra y se beben ayunas dos o tres vasos.

Para estudiantes y jubilados

El aromático romero es una apreciada planta estimulante, que confiere mayor agilidad mental y resistencia física a quien la toma.

FLOR DE ROMERO
Con estas aromáticas flores se preparan agua de colonia y perfumes.

Estudiantes en época de exámenes, opositores ante el reto de superar unas oposiciones, pero también personas estresadas que ven peligar su rendimiento a causa del agotamiento y ancianos que temen perder facultades intelectuales, como la memoria y la agilidad mental, pueden encontrar esta planta aromática, tan común en nuestros campos, una apoyo providencial. El romero favorece la circulación sanguínea en el cerebro, y por tanto, refuerza la memoria y mejora la capacidad de concentración. Además se considera que eleva el espíritu, eleva la moral ante la amenaza de dificultades o tensiones y facilita el restablecimiento tras una larga enfermedad. Es útil para combatir jaquecas fuertes y migrañas, y revitaliza el cuero cabelludo, por lo que debe ser tenido en cuenta por aquellas personas con tendencia a la calvicie. Tiene un efecto tónico sobre el aparato digestivo y contribuye a equilibrar el funcionamiento del hígado y la vesícula biliar.

Leyendas y tradiciones

El romero ha sido considerado símbolo de fidelidad amorosa, y se solía llevar en las ceremonias nupciales, pero también en las funerarias, para engalanar las iglesias, como muestra de aflicción y recuerdo. El aceite se quemaba como incienso en determinados rituales mágicos y religiosos.

REMEDIOS

TISANA PARA LA MEMORIA

Es una fórmula estimulante, ideal también para infundir ánimos a personas agobiadas por el trabajo y las responsabilidades. Consiste en mantener una cucharada sopera de sumidades de romero en medio vaso de agua durante toda la noche. Al día siguiente, lo colamos y añadimos una pizca de miel. Bebemos una taza diaria en ayunas. Otra solución es quemar gotas de aceite esencial en un candil y dejar que la habitación se impregne del aroma.

DECOCCIÓN PARA FORTALECER EL CABELLO

Hervimos 40 gramos de ramilletes de romero en 1/4 de litro de agua. Con el agua resultante friccionamos el cuero cabelludo repetidamente y con brío. También sirve para aliviar heridas en la piel, aplicado en forma de baño. Otra solución es el vinagre de romero, para cuya preparación, mezclamos en cantidades de 40 gramos romero, tomillo, hojas de nogal, bardana y lavanda, y lo maceramos en un litro de agua durante tres semanas. Se debe aplicar a diario después del champú, con fricciones suaves y aclarando luego con agua.

DATOS DE INTERÉS

Aspectos ecológicos
Planta muy extendida, que crece sobre suelos secos y soleados en laderas, prados y costas. Es originaria de la región mediterránea.

Descripción
Planta muy aromática, perenne, de hojas en forma de finas agujas y bellas flores azuladas.

Recolección y conservación
Se recolectan en primavera las sumidades floridas.

Indicaciones
Pérdida de memoria, problemas circulatorios, agotamiento nervioso, jaquecas, inapetencia, espasmos musculares y gastrointestinales, dolores premenstruales, astenia, amenorrea, trastornos hepáticos, problemas dermatológicos, alopecia, caspa, artritis, reúma.

Principios activos
Aceite esencial, ácidos fenólicos (ácido rosmarínico), rosmaricina –responsable del efecto estimulante–, flavonoides y taninos.

Plantas con las que combina
Salvia, equinácea, tomillo, lavanda, hipérico, melisa, cola de caballo, llantén mayor, laurel, bardana, nogal, caléndula, sauce blanco, diente de león, eleuterococo, ginseng, té verde, limón.

Presentaciones
Aceite, infusión, tintura, decocción, pastillas, gotas y vino de romero.

Precauciones
- Evitar durante el embarazo y la lactancia.
- No administrar a pacientes con gastritis agudas, úlceras gastroduodenales, hepatopatías, epilepsia y Parkinson.

El árbol de la longevidad

El ginkgo es un remedio milenario para fortalecer la memoria y retrasar el envejecimiento, por su capacidad para mejorar el riego sanguíneo.

Personas mayores, que van perdiendo determinadas facultades intelectuales con los años, que experimentan lapsus de memoria, somnolencia, vértigos frecuentes y cefaleas, y pacientes propensos a padecer trastornos circulatorios, como coágulos de sangre en el cerebro, tienen en el ginkgo un valioso bálsamo para ralentizar el envejecimiento y reducir el riesgo de padecer un derrame cerebral. No en vano el ginkgo está asociado a la longevidad. Por su acción vasodilatadora tiene la fuerza para aumentar y mejorar el riego sanguíneo y compensa las pérdidas producidas por la arteriosclerosis. Acelera la recuperación de pacientes que han sufrido embolias y trombosis, mejorando su movilidad. Además contribuye a tonificar las paredes de las venas, disminuyendo el acúmulo de sangre en ellas. Es una ayuda esencial en casos de pérdida de memoria y de agilidad mental.

Leyendas y tradiciones

«Ban Guo» para los chinos, el *Ginkgo biloba* es uno de los árboles más antiguos sobre la Tierra, miembro de una familia que fue muy abundante en el Jurásico, y de la que hoy día es el único representante. Longevo y resistente como pocos, se conoce un ejemplar de Inglaterra, al que se le atribuyen unos 230 años de edad. Se afirma que fue la única especie de árbol que sobrevivió a la bomba atómica sobre Hiroshima. Una longevidad y resistencia, que según la tradición china y japonesa, se transmite también a las personas a través de sus múltiples virtudes medicinales.

PARA PROBLEMAS CIRCULATORIOS

Preparamos una cucharada sopera de hojas de ginkgo por cada taza de agua. Una vez caliente, tapamos y lo dejamos reposar unos 10 minutos. Se aconsejan 3 tazas al día, preferentemente en ayunas. Esta misma infusión, pero algo más concentrada, se puede emplear como compresa, aplicándola externamente sobre manos y pies. También se recomiendan cataplasmas de hojas trituradas y baños de manos y pies. Basta con sumergirlos una o dos veces al día en una disolución de 100 gramos de hojas de ginkgo por cada litro de agua.

GOTAS PARA LA CIRCULACIÓN CEREBRAL

Indicadas en casos de arteriosclerosis cerebral. Contienen 40 gramos de ginkgo y vincapervinca más 20 gramos de ajo y deben administrarse de 30 a 40 gotas en tres tomas diarias.

DATOS DE INTERÉS

Aspectos ecológicos
Originario de Extremo Oriente, hoy día se cultiva extensamente en la China, Japón, muchos países de Europa y los Estados Unidos. Es un árbol frecuente en jardines y parques.

Descripción
Portentoso árbol de hasta 35 metros de alto, destaca por la original forma de abanico de sus gruesas hojas, partidas en dos lóbulos triangulares.

Recolección y conservación
Se utilizan las hojas, que los herboristeros recolectan en otoño, y que una vez secas, se trocean y se conservan en saquitos herméticamente cerrados. Los frutos, una vez maduros, se vuelven malolientes y de sabor amargo.

Propiedades
Estimulante circulatorio, vasodilatador, venotónico, antiagregante plaquetario, antioxidante, diurético, antiinflamatorio.

Indicaciones
Insuficiencia circulatoria cerebral crónica, arterioesclerosis, demencia senil, afecciones circulatorias de la extremidades, como varices, falta de riego en las piernas, flebitis, eccemas, pies o manos dormidos, tobillos cansados y sabañones; hemorroides, esclerosis múltiple.

Principios activos
Glucósidos, flavonoides (quercitina), aceite esencial, ginkólidos, bilobalidos, fitosteroles.

Plantas con las que combina
Vid, rusco, hinojo, corteza de naranja, espino albar, muérdago, avena, hipérico, eleuterococo, vincapervinca y ajo.

Presentaciones
Infusión, tintura, baños, en cataplasmas, pastillas y gotas.

Precauciones
- Un consumo excesivo puede provocar reacciones alérgicas.

OTRAS PLANTAS CIRCULATORIAS

TILO *Tilia europea (T. platyphyllos)*

Remedio contra la hipertensión nerviosa

Muchas son las personas que a partir de cierta edad padecen una tendencia a la tensión sanguínea alta. Es imprescindible entonces cuidar al máximo los hábitos de consumo y retirar determinados productos de la dieta, como las grasas, las conservas y en general los alimentos ricos en sal, así como el café y el alcohol. Muchas veces la hipertensión es de origen nervioso, agravada por una situación de estrés o conflicto. En este caso las flores del tilo ofrecen un remedio sencillo y efectivo para contribuir a que la tensión baje y se mantenga en los niveles deseados. Y es que la tila suma su poder sedante a su fuerza como planta hipotensora, y se ha utilizado para tratar a pacientes con arteriosclerosis.

REMEDIOS

TISANA PARA BAJAR LA TENSIÓN

Mezclamos tila, espino albar y crisantemo chino (Ju Hua) –25 gramos de cada planta–, junto con 20 gramos de milenrama. Hervimos durante 3 minutos una cucharada de postre de la mezcla por cada taza de agua. Colamos y lo mantenemos en reposo 10 minutos más. Se toma en caliente, tres veces al día, tras las comidas, o a media tarde, en lugar del té.

Indicaciones: Hipertensión arterial, ansiedad, estrés, insomnio, ataques de pánico, arteriosclerosis, prevención de embolias, trastornos del hígado, espasmos gastrointestinales, indigestiones, gastritis, jaquecas, migrañas, resfriados, gripe, apoyo contra el asma.

Presentación: Infusión, decocción, tintura, extractos secos y fluido, agua destilada de tilo.

MUÉRDAGO *Viscum album*

Para la arteriosclerosis

El muérdago es una planta con grandes posibilidades medicinales, que pueden variar en función del árbol al que parasita. Entre sus propiedades más remarcables destaca la de ser un magnífico hipotensor y vasodilatador, que favorece el riego sanguíneo del cerebro y del corazón, estando su uso recomendado en casos de arteriosclerosis cerebral.

REMEDIOS

RECETA NATURAL

Se recomienda una infusión con muérdago, ginkgo, valeriana e hipérico a partes iguales. Se hierve una taza de agua por cucharada de té de la mezcla y tras echarla en el agua hirviendo, se deja 10 minutos en reposo. Se toma una taza en ayunas y la otra antes de irnos a dormir. Interrumpir si se tolera mal.

Indicaciones: Hipertensión arterial, arteriosclerosis, recuperación tras la extracción de tumores malignos, dolores reumáticos, jaquecas, menstruaciones dolorosas, ataques epilépticos.

Presentación: Infusión, polvos, tintura, gotas y jugo de planta fresca.

VINCAPERVINCA *Vinca minor*

Contra las hemorragias

Heridas sangrantes externas y hemorragias internas pueden ser frenadas usando la fuerza de las hojas de esta bella planta de bosque y jardín. Tiene además una potente acción hipotensora, que la hace muy recomendable para personas con tendencia a la presión sanguínea alta, y por su capacidad para incrementar el riego sanguíneo en el cerebro, se ha utilizado para tratar la arteriosclerosis e incluso la demencia senil.

REMEDIOS

GOTAS

Aplicar de 30 a 50 gotas de extracto fluido de vincapervinca sobre heridas, para detener la hemorragia.

Como complemento en casos de insuficiencia vascular cerebral, con indicios de demencia senil y pérdida de memoria, se recomiendan unas gotas preparadas con extractos fluidos de vincapervinca, ginkgo y ajo, de las que hay que tomar entre 30 y 40 gotas diarias en tres dosis.

Indicaciones: Hipertensión, arteriosclerosis, hemorragias externas e internas, menstruaciones excesivas, hemorragias nasales, faringitis, inflamaciones bucales, gingivitis.

Presentación: Infusión, polvos, extracto fluidos y seco, tintura.

OLIVO *Olea europea*

Hipotensor natural

Del olivo, árbol emblemático de la cultura mediterránea, aprovechamos sus nutritivos frutos, las olivas, de las que se obtiene un ingrediente básico de nuestra cocina, el aceite. Pero sus hojas contienen una sustancia no menos importante, conocida por oleoeuropeína, que tiene una notable fuerza como regulador de la tensión sanguínea y como vasodilatador, que las hace útiles para personas afectadas de hipertensión arterial, más aún si éstas no consiguen rebajarla a pesar de haber tomado precauciones con la dieta, y para la prevención de embolias y trombosis. Refuerza esta acción su destacado efecto diurético y ligeramente laxante, muy adecuado para tratar diversas afecciones urinarias, como la cistitis, siendo además un remedio eficaz contra el estreñimiento.

REMEDIOS

PARA REGULAR LA PRESIÓN ARTERIAL

Mezclamos a partes iguales hojas de olivo y muérdago, con espino albar, sanguinaria y la planta conocida como la hierba de las tres sangrías o as-

perón. Tomaremos una cucharada sopera de la mezcla por una taza de té de agua, que herviremos no más de un minuto, para luego dejarlo reposar durante diez minutos. Tras colarlo, ingeriremos dos tazas diarias, una en ayunas y la otra por la noche, antes de acostarnos.

Una alternativa es la infusión que prepararemos combinando a partes iguales 20 gramos de olivo, espino albar, tilo, pasiflora y corteza de naranja, de la que se pueden beber tres tazas diarias, tras las comidas.

Indicaciones: Hipertensión, prevención de la arteriosclerosis, trombosis y embolias, apoyo contra la diabetes, afecciones urinarias –cistitis, uretritis–, gota, dermatitis, eccemas, heridas cutáneas, psoriasis, quemaduras, niveles altos de colesterol, regulador de la vesícula biliar.

Presentación: Infusión de las hojas, lociones, ungüentos, pomadas, aceite puro, olivas frescas.

CASTAÑO DE INDIAS *Aesculus hippocastanum*

Remedio para las hemorroides

El castaño de indias contiene una sustancia llamada aescina, que le confiere sus propiedades antiinflamatorias. Pero además sus grandes hojas son muy ricas en vitamina K, que es la vitamina antihemorrágica por excelencia. Es por ello que el castaño se revela como un aliado magnífico para aquellas personas propensas a que les salgan moratones, sabañones e inflamaciones en la piel. Entre sus virtudes destaca como tónico venoso y fortalecedor de las venas. Por todo ello está especialmente indicado para ser aplicado en casos de varices, flebitis y hemorroides.

REMEDIOS

HEMORROIDES INFLAMADAS

La tradición dice que se toma una castaña, se le hacen 7 incisiones con una aguja y se mantiene un mes en el bolsillo del pantalón. En muchos casos la inflamación se reduce o incluso desaparece. Otra solución son las cataplasmas frías con agua de castaño, que obtendremos de hervir durante 10 minutos dos o tres castañas.

Indicaciones: Hemorroides, varices, fragilidad capilar, insuficiencia venosa, tromboflebitis, edemas, dismenorreas, quemaduras, congelación, reúma.

Presentación: Infusión, decocción de corteza, extracto fluido y seco, supositorios, pomada, gel de baño, castaña cruda.

Plantas hepáticas

En el complejo rumbo que emprenden los alimentos al recorrer nuestro organismo, la «estación» que ocupan el hígado y la vesícula es la que suele estar expuesta a complicaciones. Una alimentación inadecuada y determinadas carencias pueden acarrear trastornos más o menos graves. De nuevo la naturaleza sale en nuestra defensa.

Entre los problemas hepatobiliares hallamos en primera instancia las ***regurgitaciones*** amargas y las ***digestiones lentas***. A partir de este tramo del sistema digestivo la alteración digestiva comportará siempre una digestión pesada, lenta, molesta y gravosa. Los eructos que experimentan algunas personas media hora o una hora después de la comida son uno de los síntomas típicos de las alteraciones biliares.

Las plantas con sabor amargo son las más adecuadas en el tratamiento de este tipo de problemas; y también lo son algunos alimentos amargos.

Los problemas hepáticos graves no pueden ser tratados con fitoterapia, si no es con una finalidad complementaria, ya que una obstrucción biliar o una cirrosis hepática no tienen tratamiento aceptable desde un punto de vista natural; si bien es cierto que tampoco lo tienen muy adecuado desde la medicina ortodoxa.

Hepatitis y cirrosis

Una de las plantas más interesantes en el tratamiento de las afecciones hepáticas crónicas es el **cardo mariano**, cuyas semillas son bastante ricas en silimarina, y del cual existen una gran cantidad de estudios que avalan su acción como protector hepático. Estará especialmente indicado en casos de hepatitis y cirrosis, y en aquellos casos en que sospechemos que pueda existir una sobrecarga hepática.

Sin embargo, la mayoría de los padecimientos que atribuimos al hígado, en realidad son más de la vesícula, que es la encargada de almacenar y secretar la bilis al sistema digestivo. Las afecciones importantes del hígado no siempre producen alteraciones digestivas de importancia, sino que lo hacen más a nivel sistémico. La bilis, de la cual podemos segregar hasta dos litros al día, debe secretarse al intestino al duodeno en el momento en que pasa el bolo alimenticio procedente del estómago. La excesiva concentración de la bilis hace que en algunas personas puedan aparecer cálculos biliares al cabo de los años. Se ha comprobado que el consumo de grasas y proteínas animales y el estreñimiento aumentan la viscosidad de la bilis y su contenido en colesterol, favoreciendo el riesgo de cálculos; mientras que el consumo de frutas, verduras, fibra y grasas vegetales reduce este riesgo. Una dieta de tipo vegetariano es el mejor sistema para prevenir los cálculos biliares. La suplementación de la dieta con plantas ricas en fibra, como el **glucomanano** (*Amorphophallus konjak*), la **goma guar** (*Cyamopsis tetragonolobus*) o el **agar-agar** puede mejorar esta disposición.

El hígado se ve tremendamente afectado por el consumo de grasas, de exceso de proteínas (carnes...) y sobre todo por el alcohol, alimentos que se han de reducir en la dieta si padecemos algún problema hepático. Entre los alimentos más recomendables tenemos la **achicoria** (en ensalada o como sucedáneo del café), las **alcachofas**, los **cardos**, la **papaya** o la **piña** tropical (ricas estas dos últimas en enzimas proteolíticos que favorecen la acción del páncreas), y la **cúrcuma**, que se utilizará como condimento alimentario.

Ictericia

La ictericia, o el efecto de ponerse amarilla la piel, es uno de los síntomas típicos de las enfermedades hepáticas, especialmente en las que hay una obstrucción de la salida de la bilis, y está causada por el aumento de la bilirrubina. Es un síntoma grave de trastorno hepático, y se haga tratamiento naturista u ortodoxo, o ambos, deberá ser controlado por un médico, dado que puede comportar riesgos muy graves para la salud.

ACHICORIA
Las flores y hojas de esta común planta de las cunetas se toman en infusión para proteger el hígado.

Defensa contra la hepatitis

Esta planta espinosa y comestible, tan abundante en nuestros campos, ha demostrado ser uno de los remedios naturales más eficaces para las afecciones del hígado y contra las intoxicaciones.

El cardo mariano contiene una sustancia llamada silimarina, a la que se le atribuye un alto poder protector sobre el hígado. Fortalece las membranas celulares de este órgano, impidiendo la absorción de aquellos productos tóxicos que podrían dañarlo y estimulando la síntesis de proteínas y la secreción de la bilis. Por ello el cardo mariano se revela como un remedio excelente para tratar diferentes afecciones hepáticas, como las derivadas de un consumo excesivo de alcohol, infecciones por la ingestión de setas tóxicas –como son las del género Amanita, incluida la letal *Amanita phalloides*– y como un complemento para tratar la hepatitis aguda y la cirrosis hepática. Recientes investigaciones han demostrado que el cardo es muy útil para contrarrestar la influencia nociva para el hígado de la absorción involuntaria de metales pesados asociados a determinados productos de consumo, como el plomo y aluminio de las latas o el mercurio de empastes dentales y ciertos cosméticos.

LAS HOJAS **Desprovistas de las espinas, se han consumido en verduras y ensaladas.**

Leyendas y tradiciones

El calificativo de mariano procede de la leyenda según la cual la Virgen María tiñó de blanco las hojas de esta planta con la leche de su pecho cuando trataba de ocultar a Jesús de la persecución de Herodes.

REMEDIOS

MACERACIÓN CONTRA LA INFLAMACIÓN DEL HÍGADO

Se mezcla a partes iguales cardo mariano (la flor triturada o sus semillas), raíces de angélica y genciana, centaura, alcachofera, caléndula, menta, hojas de boldo y cachurrera menor. Una cucharada sopera rasa de la mezcla por medio vaso de agua se mantiene toda la noche en remojo. Al día siguiente, se cuela y se toma en ayunas, una vez al día. Una alternativa sencilla es mezclar una cucharadita de café de semillas de cardo pulverizadas, y mezclarlas en el yogur.

INFUSIÓN PROTECTORA DEL HÍGADO

Normaliza sus funciones y se aconseja en cirrosis, hepatitis agudas o crónicas y otras afecciones hepáticas. Combinamos cantidades iguales de cardo mariano, hojas de boldo, raíz de cúrcuma, crisantelo, hojas de menta y frutos de anís. Se vierte en agua hirviendo el contenido de una cucharada sopera de la mezcla por taza y se toma tres veces al día, media hora antes de las comidas. Hay quien prefiere mejorar el sabor añadiendo una pizca de miel.

TISANA ANTIALCOHÓLICA

Util en el tratamiento de la hepatitis alcohólica. Combinamos una cucharada sopera de cardo mariano con dos de fumaria, y lo hervimos durante 5 minutos, disuelto en un litro de agua. Para mejorar el sabor, podemos añadir menta en el último hervor. Se deja reposar tapado 5 minutos más y se puede beber durante el día, incluso frío.

TISANA ANTIHEMORRÁGICA

Muy útil para tratar reglas abundantes, hemorroides, hemorragias nasales y varices. Se mezclan a partes iguales cardo, bolsa de pastor, ortiga y cola de caballo, en una proporción de 3 cucharadas soperas por litro de agua, que beberemos a lo largo del día. Para prevenir molestias menstruales, como excesos de pérdida de sangre, se puede tomar una taza diaria, en ayunas, los nueve días previos a la regla. También se puede tomar un cocimiento de cardo solo, del que basta con tomar una cucharada sopera cada hora.

DATOS DE INTERÉS

Aspectos ecológicos
Crece sobre suelos secos y soleados, en taludes, yermos y escombreras, y está presente en toda la cuenca mediterránea.

Descripción
Planta bianual, espinosa, con el tallo robusto y ramificado, hojas lobuladas, salpicadas de manchitas blancas y flores púrpuras, dispuestas en una cabezuela terminal, en forma de alcachofa.

Recolección y conservación
Se recolecta a principios de primavera, y se utiliza toda la planta, pero en especial las alcachofitas con sus semillas.

Propiedades
Hepatoprotector, estimulante de la secreción biliar, colagogo, hemostático, ventónico, aperitivo, digestivo, diurético, antidepresivo.

Indicaciones
Diversas afecciones del hígado, hepatitis, cirrosis hepática, piedras en la vesícula, intoxicaciones, hemorragias, hemorragias nasales, varices, melancolía, depresión, lactancia, jaquecas, neuralgias, mareos y vómitos.

Principios activos
Flavonoides como la silimarina y la taxifolina, ácido linoleico, oleico y palmítico, tiramina, proteínas y mucílagos.

Plantas con las que combina
Diente de león, alcachofera, fumaria, angélica, genciana, hinojo, cachurrera menor, caléndula, menta, anís, boldo, cúrcuma y ortiga.

Presentaciones
Infusión, polvos, tintura, gotas y pastillas.

Precauciones
- No es recomendable para personas hipertensas.
- Incompatible con medicación antidepresiva con IMAO.

LAS SEMILLAS
Pasadas por un molinillo de café, se utilizan como condimento saludable en ensaladas.

Para estimular el apetito

Esta planta de los bordes de los caminos tiene la capacidad de abrir el apetito, evitar el estreñimiento y regular las funciones del hígado.

Un problema grave de la sociedad occidental, que afecta a miles de adolescentes, es la anorexia, una obsesión enfermiza por no engordar, que les lleva a no probar bocado, hasta el extremo de que la comida acaba por repugnarles. La anorexia debe ser tratada por especialistas, en centros adecuados, pero hay una modesta planta que puede servir de apoyo en dicho tratamiento. La achicoria aporta su fuerza como tónico y estimulante digestivo para devolver el apetito a aquellos organismos desganados, permitiendo una mejor absorción de los nutrientes. Es capaz de regular el funcionamiento de la vesícula biliar y fortalecer la acción del hígado, resultando útil también para combatir la hepatitis. El contenido en inulina y ácidos orgánicos le dotan de una potente acción depurativa y diurética, muy adecuada para limpiar las vías urinarias y prevenir contra posibles infecciones, así como para tratar problemas reumáticos y gota. La achicoria se ha demostrado útil para administrar a niños pequeños como laxante suave.

REMEDIOS

DECOCCIÓN CONTRA LA ANOREXIA

Basta con hervir unos 50 g de raíz de achicoria y añadirle 5 g de regaliz para mejorar el sabor. Se deja reposar diez minutos, y se va bebiendo a lo largo del día, cada dos o tres horas, preferiblemente en caliente.

TISANA ESTIMULANTE DE LA VESÍCULA BILIAR

Mezclamos 20 gramos de achicoria, romero, menta, diente de león y melisa, y hervimos 3 minutos el contenido de una cucharada sopera de la mezcla por taza de agua. Tomaremos una taza después de las comidas principales. Actúa como un excelente digestivo.

PARA EL ESTREÑIMIENTO

Mezclamos 15 g hojas de achicoria, grosellero negro y flores de tilo, por litro de agua. Echamos la planta en el agua hirviendo y dejamos reposar durante diez minutos. Se toma una taza al día, antes de acostarnos.

DATOS DE INTERÉS

Aspectos ecológicos
Común en bordes de caminos, taludes y escombreras. Es originaria de Europa.

Descripción
Planta perenne, de hasta 1 metro de alto, con el tallo velloso y bellas flores azules, que se cierran por la noche.

Recolección y conservación
Se recolectan las raíces, hojas y flores.

Propiedades
Aperitiva, colerética, estomáquica, laxante, depurativa, diurética.

Indicaciones
Anorexia, trastornos hepáticos, hepatitis, insuficiencia biliar, estreñimiento, diversas afecciones urinarias como cistitis y uretritis, hipertensión arterial, gota.

Principios activos
Inulina (en la raíz), ácidos orgánicos, látex, azúcares, alcoholes triterpénicos, sales minerales y vitamina A.

Plantas con las que combina
Diente de león, alcachofera, caléndula, melisa, romero, menta, fumaria, cola de caballo, hinojo.

Presentaciones
Decocción, infusión, tintura, pastillas, jarabe y como sucedáneo del café.

Leyendas y tradiciones

Se cree que el nombre de achicoria o chicoria puede derivar del vocablo latino *sucurrere*, por la profundidad con que las raíces penetran en el suelo. Otros autores, sin embargo ,consideran que el nombre procede del antiguo Egipto.

Protectora del hígado

Si hay en la naturaleza una defensa ideal para el hígado, ésta es sin duda la conocida alcachofera, que protege contra la hepatitis y la cirrosis.

Para muchos la alcachofa es un manjar exquisito, que se come hervido o frito, solo o como acompañamiento del plato principal, y que es muy recomendable para los diabéticos. Lo que ya no se conoce tanto es su inestimable potencial curativo. Ante todo, la alcachofera se revela eficaz para regular las disfunciones de la vesícula biliar, estimula la secreción de bilis y puede inhibir la formación de cálculos biliares. Está especialmente indicada en trastornos digestivos que tienen un origen hepático, por cuanto actúa como desintoxicante hepático, y por ello se utiliza en el tratamiento y la convalecencia de la hepatitis y la cirrosis. Favorece la regeneración de las células hepáticas y las protege del alcohol. Además estimula el apetito en las personas anoréxicas, y alivia los dolores estomacales y los gases intestinales.

Leyendas y tradiciones

Venerada por los antiguos griegos y romanos, y consumida ya desde el siglo IV antes de Cristo, lo cierto es que el origen de su cultivo no queda del todo claro. Pudieran ser los horticultores italianos hacia el siglo XV los primeros que empezaron a cultivarla, a partir de la variedad silvestre. Según Dioscórides, la negra raíz era utilizada como emplasto para eliminar los malos olores corporales.

REMEDIOS

TISANA ÚTIL PARA LA CIRROSIS HEPÁTICA

Es una fórmula protectora de las funciones del hígado y la vesícula, indicada también para la hepatitis y la ictericia. Combinamos en cantidades de 20 gramos hojas de alcachofera, cardo mariano, hinojo, diente de león y corteza de naranja –ésta última para mitigar el sabor amargo–, y utilizamos una cucharada sopera de la mezcla por cada taza. Hervimos durante 3 minutos y lo tomamos caliente después de las comidas. Hay quien se lo endulza con miel para mejorar el sabor.

REMEDIO CASERO PARA DIABÉTICOS

Mezclamos el jugo de las hojas de alcachofas frescas con agua azucarada o vino, y se bebe como digestivo después de comer. Con ello contribuiremos a depurar el hígado y a reducir el azúcar de la sangre y la orina.

DATOS DE INTERÉS

Aspectos ecológicos

Se cría en huertas, sobre suelos ricos y soleados. Originariamente prosperaba sobre terrenos arenosos y dunas, en áreas del litoral.

Descripción

Planta perenne de hasta 1 metro, con las hojas grandes y recortadas y cabezas florales también grandes, de color azulado, recogidas en gruesas escamas exteriores.

Recolección y conservación

Se recolectan las hojas en el primer año y tras la floración, en verano. Se aprovechan las hojas.

Propiedades

Colerética, hepatoprotectora, digestiva, aperitiva, colagoga, diurética, hipotensora, reduce los niveles de colesterol y de glucosa en la sangre.

Indicaciones

Disfunciones de la vesícula biliar, hepatitis, cirrosis hepática, indigestiones, dolores de estómago, inapetencia, anorexia, diabetes, colesterol alto, arteriosclerosis, hipertensión arterial, trastornos urinarios como cistitis y uretritis, sobrepeso a causa de la retención de líquidos, edemas, dolencias reumáticas.

Principios activos

Cinarina y ácido clorogénico –responsables del efecto colerético–, cinaropicrina, flavonoides, ácidos alcoholes, sales potásicas y magnésicas y vitamina A.

Plantas con las que combina

Cardo mariano, achicoria, caléndula, centaura, menta, genciana, boldo, cachurrera menor, diente de león, hinojo, anís verde, pasiflora, fucus.

Presentaciones

Infusión, tintura, extracto seco y fluido, jugo de la planta fresca.

FUMARIA *Fumaria officinalis*

Contra la ictericia

Esta bella planta enredadera, frecuente en setos y jardines, cuando no está en flor puede ser confundida con el perejil. Es ante todo muy útil para personas con problemas en hígado y vesícula, por su efecto regulador de la secreción de bilis, y se ha aconsejado en el tratamiento de la ictericia. Es además un excelente diurético y depurativo, que se usa en problemas de piel, como eccemas y psoriasis. No obstante, por su posible toxicidad, hay que evitar dosis elevadas.

REMEDIOS

COMO DEPURATIVA Y DESINTOXICANTE

Mezclamos fumaria con achicoria, berros y tallos de lechuga, las plantas frescas y a partes iguales. Se machacan con un mortero, y el jugo resultante se cuela. Tras añadir una pizca de azúcar al gusto, se recomienda beber tres cucharadas soperas al día, en ayunas. También es útil la infusión de fumaria sola, hirviendo 5 gramos de planta por taza y tomándola tres veces al día durante periodos de diez días consecutivos.

Indicaciones: Dolencias digestivas, disfunciones del hígado y la vesícula, jaquecas asociadas a problemas de hígado, trastornos circulatorios, arteriosclerosis, afecciones cutáneas como eccemas, psoriasis, apoyo contra el asma.

Presentación: Zumo de planta fresca, infusión, tintura, extractos seco y fluido.

BOLDO *Peumus boldus*

Protector del hígado y vesícula

El boldo era una de las clásicas tisanas que no solían faltar en las boticas y en los botiquines de nuestos abuelos, y a la cual se acudía cuando surgían problemas de digestión. Lo cierto es que el boldo, además de es-

timular el apetito y mitigar las molestias intestinales, destaca por su acción protectora de las funciones del hígado y la vesícula, y se ha utilizado como remedio para impedir la formación de cálculos biliares.

REMEDIOS

TISANA REPARADORA DEL HÍGADO Y VESÍCULA

Se mezclan a partes iguales diversas plantas hepáticas como el boldo, la menta, raíz de angélica, genciana y cachurrera menor, a lo que añadimos un fruto de rosal silvestre. Disolvemos una cucharada sopera de esta mezcla y el fruto de rosal partido en medio vaso de agua y lo dejamos en reposo toda la noche. Al día siguiente, le añadimos unas gotas de limón. Antes de ingerir el agua, tomaremos una cucharadita de aceite de oliva, para estimular la vesícula.

Indicaciones: Trastornos hepáticos, hepatitis, disfunciones de la vesícula biliar, estreñimiento, migrañas, trastornos urinarios, cistitis.

Presentación: Infusión, extractos seco y fluido, tintura.

ARTEMISA *Artemisa vulgaris*

Facilita la digestión

Tradicional tónico digestivo, indicado en periodos de especial desgana. Tiene un efecto suave pero eficaz, y ayuda a una mejor absorción de los nutrientes, protege la función del hígado y favorece la secreción de bilis. Además la artemisa es una planta que ya desde antiguo se viene usando para trastornos ginecológicos, como excelente regulador de la menstruación.

REMEDIOS

MENSTRUACIÓN ESCASA

Se necesitan 10 g de artemisa e hipérico y 2 de ruda, combinando 1 cucharada de la mezcla por taza de agua, y llevándolo a hervir. Dos tazas diarias desde 9 días antes del periodo.

INFUSIÓN DIGESTIVA

Se prepara con 10 gramos de ramilletes floridos de artemisa en un litro de agua hirviendo. Se toman unas dos tazas diarias.

Indicaciones: Inapetencia, indigestiones, flatulencias, menstruaciones dolorosas.

Presentación: Infusión, tintura, aceite esencial, jarabe, gotas y pastillas, aceite esencial.

CÚRCUMA *Curcuma longa*

El digestivo indio

Planta asiática, pilar básico en la práctica ayurveda e ingrediente indispensable del curry, se viene utilizando en la medicina tradicional oriental para tratar problemas digestivos, mejorar el funcionamiento del hígado y como apoyo en la cura de la ictericia. La cúrcuma tiene un poderoso efecto antiinflamatorio, que la hace útil para combatir dolores estomacales, alergias, artritis y determinados problemas de la piel como eccemas, hongos y psoriasis. Y por su acción anticoagulante, mantiene la sangre fluida, evitando la aparición de embolias, además de regular los niveles de colesterol y evitar la oxidación.

REMEDIOS

INFUSIÓN DIGESTIVA

Válida para problemas del hígado, se prepara hirviendo 20 gramos de rizoma en un litro de agua. Se toma tres veces al día. También se recomienda un cocimiento para evitar las molestias gástricas.

Una alternativa válida para mitigar los espasmos biliares y la coleocistitis es la infusión que se preparaba combinando el rizoma de cúrcuma con harpagofito, tomillo y anís. Se toman de 3 a 4 tazas diarias, media hora antes de comer. Y contra las migrañas de origen hepático, se combina con melisa, manzanilla, romero, anís y caléndula

Indicaciones: Disfunciones hepáticas, ictericia, hepatitis, acidez de estómago, diarreas, espasmos gastrointestinales, prevención de la arteriosclerosis y embolias, regulador del colesterol, artritis, apoyo contra el asma, afecciones cutáneas.

Presentación: Infusión, cocimiento, extractos seco y fluido, polvos, tintura y rizoma fresco como condimento.

SCHISANDRA *Schisandra chinensis*

Elixir purificador

En aquellos periodos de tensión y agobio, cuando parece que todos los conflictos se vuelcan sobre nosotros, puede haber llegado el momento de dejarnos llevar por las promesas reparadoras que nos ofrece una planta china, el Wu wei zi o schisandra, uno de los tónico más utilizados por la herboristería oriental. Con fama de estimulante sexual y magnífico restaurador general del organismo, su poder como adaptógeno es similar al del ginseng. Nos ayuda a superar las situaciones de estrés, y está especialmente indicado para aliviar trastornos del hígado. Pero además tiene un efecto estimulante sobre el sistema nervioso, lo que contribuye a que se aviven nuestros reflejos, mejore la concentración y recobremos la ilusión por la vida.

REMEDIOS

PARA MEJORAR LA SEXUALIDAD MASCULINA

Un cocimiento de 5 gramos de bayas de schisandra en 1/4 de litro de agua. Se deja reposar 10 minutos y se toma una dosis diaria. Aporta vigor sexual al hombre.

Indicaciones: Debilidad general, estrés, afecciones del hígado, inapetencia sexual, trastornos urinarios, diarreas, disentería.

Presentación: Fruto fresco y seco, decocción, tintura.

REHMANIA *Rhemannia glutinosa*

Tónico contra el envejecimiento

El Di huang o digital china es una planta muy utilizada en China desde la antigüedad, que se ha recetado para problemas del hígado y el riñón, y que por su fuerza reparadora, se ha asociado a la longevidad, por cuanto retrasa los procesos de envejecimiento. Facilita la eliminación de toxinas por parte del hígado y estimula su buen funcionamiento. Pero además ayuda a bajar la tensión sanguínea y a reducir los niveles del colesterol.

REMEDIOS

PARA AFECCIONES EN EL HÍGADO

Basta con masticar 5 gramos de raíz de rehmania tres veces al día, o bien, hacer una decocción con esa misma cantidad por taza de agua, y tomarla de una a tres veces diarias, después de comer.

Indicaciones: Disfunciones hepáticas, hepatitis, cirrosis hepática, trastornos urinarios, procesos seniles, menstruaciones irregulares.

Presentación: Decocción, tintura y la raíz fresca.

Plantas diuréticas

Las piedras del riñón, infecciones de las vías urinarias como la cistitis y la uretritis, pero también los problemas de próstata, la incontinencia y la tendencia al sobrepeso por retención de líquidos pueden ser eficazmente combatidos con un amplio abanico de plantas diuréticas, antisépticas y depurativas.

Las plantas con acción sobre el sistema urinario no sólo se utilizan en las afecciones propias de los riñones, ya que además de ello muchos otros trastornos pueden mejorar con una tisana diurética. Así, una mujer con varices y piernas hinchadas puede mejorar notablemente si añadimos una planta diurética; también las pequeñas afecciones del hígado, el reumatismo, afecciones de la piel, la obesidad, la diabetes o muchos padecimientos en los que interese estimular la depuración y la eliminación. De este modo, las plantas diuréticas forman parte de la formulación de múltiples tisanas complejas cuya finalidad primordial no es tratar las afecciones urinarias.

Infecciones urinarias

Las infecciones urinarias son un problema bastante común, que con demasiada frecuencia se trata sistemáticamente con un antibiótico. Sin embargo, y a pesar de que muchas de ellas están producidas por algún microorganismo patógeno, el uso de antibióticos no está indicado en la mayoría de los casos. Los síntomas típicos de la infección urinaria es la urgencia al ir a orinar, y la sensación, después de la micción, de tener aún más líquido dentro. Las infecciones urinarias que cursen con fiebre deben tratarse bajo el consejo médico, mientras que el resto pueden tratarse con medidas fitoterápicas, como las que nos brindan plantas como la **gayuba**, una planta de alta montaña con un alto contenido en hidroquinonas, que al eliminarse por la orina se transforma en un excelente antiséptico urinario. Las hojas de **madroño** también son útiles en este sentido porque contienen la misma sustancia, aunque en menor cantidad, y el **enebro**, cuyos aceites esenciales son enormemente antisépticos y bastante diuréticos. También se ha propuesto el uso del **buchú**, una planta africana de gran interés contra la cistitis. Además de los antisépticos urinarios, será recomendable añadir algún diurético, porque a pesar de que aumenta las urgencias para ir a orinar, ayuda a hacer un «lavado» de los riñones y a reducir el riesgo infeccioso.

Cálculos renales

Aunque existen plantas que se utilizan en el tratamiento de los cálculos renales, como la **arenaria**, que debe su nombre precisamente a esta aplicación, en general su tratamiento ha de incluir el beber bastante agua para reducir la concentración mineral de la orina. Si además se tiene el ácido úrico elevado, para evitar cálculos de uratos será conveniente tomar una medicación específica. Cualquier tisana es diurética por su contenido en agua, pero además hay plantas como los estigmas de **maíz**, la **cola de caballo** o el **diente de león** que pueden ser de utilidad.

Prostatismo

La hipertrofia benigna de la próstata es tan común en edades avanzadas que ya se la considera como un hecho normal del envejecimiento. No se tratarán con plantas afecciones como el cáncer de próstata, que requiere cirugía y un tratamiento hormonal muy específico, aunque incluso en estos casos una suplementación con derivados de la **soja** puede ser tremendamente útil al tener una implicación hormonal. Los prostáticos mejoran notablemente con plantas como el *Pygeum* o **ciruela africana** (*Pygeum africanum*), el **sabal** o palmito salvaje (*Sabal serrulata*), la **equinácea** y las **pipas de calabaza**. Todos estos tratamientos no son patrimonio de la medicina natural, porque se vienen utilizando en la medicina ortodoxa desde hace décadas, y con gran éxito. En los casos de prostatismo no es conveniente añadir diuréticos, porque aumenta enormemente la retención urinaria.

ARÁNDANOS
Estas bayas, apreciadas por los pájaros del bosque, poseen una clara acción antiséptica de las vías urinarias.

Alivio para la vejiga y la próstata

Esta planta rastrera, propia de los bosques de coníferas, es uno de los remedios más sobresalientes para combatir los trastornos urinarios, y además se ha demostrado muy válida para los enfermos de próstata.

Los hábitos de la vida moderna, con horarios ajustados, ritmo ajetreado y hasta frenético y una alimentación que no siempre es la más adecuada, son caldo de cultivo para la aparición de infecciones urinarias, un problema que afecta a una parte importante de la población occidental. Y una de las víctimas de este ritmo en nuestro organismo es el último eslabón del proceso digestivo, la expulsión de los desechos. La infección de la vejiga urinaria provoca cistitis, y la inflamación de la uretra, el conducto por el que expulsamos la orina, uretritis. Extremar determinados usos higiénicos, beber mucha agua, hasta dos litros diarios, y llevar ropa interior de fibras naturales son algunas de las primeras medidas que conviene adoptar. En la naturaleza encontramos una gran diversidad de plantas que aportan su fuerza para combatir este tipo de infecciones, y una de las más efectivas es sin duda la gayuba. La gayuba tiene una acción astringente y desinfectante, actuando sobre el sistema urinario para eliminar la infección, y resulta muy útil para personas con problemas de incontinencia, para tratar los problemas de próstata y para reducir la inflamación del riñón.

Leyendas y tradiciones

El nombre específico –*uva-ursi*– hace referencia a la afición que los osos muestran por las delicadas bayas rojas de este arbusto montano. Según ciertas investigaciones, las semillas, una vez expulsadas por este animal, germinan con mayor facilidad. Sus propiedades medicinales ya eran conocidas

DATOS DE INTERÉS

Aspectos ecológicos
Este bello arbusto crece en nuestras latitudes en zonas montañosas húmedas, formando espesos tapices en los claros de los bosques de coníferas.

Descripción
Mata perenne, de unos 50 cm de alto, con los tallos rastreros y las hojas pequeñas, redondeadas y brillantes y flores rosadas y acampanadas. Bayas rojas y esféricas.

Recolección y conservación
Las hojas suelen recolectarse en primavera y las bayas, en otoño, y se conservan frescas o secas, según su utilidad. Las bayas de gayuba son consumidas por muchas aves del bosque, como urogallos, zorzales o mirlos.

Propiedades
Astringente, diurética, antiséptico urinario, antidiarreica, antibacteriana, hemostática, estimulante.

Indicaciones
Afecciones irritativas del sistema urinario, cistitis y uretritis agudas, ureteritis, vulvovaginitis, problemas de próstata, leucorreas vaginales, retención de la orina, afecciones de la piel, inflamación en los ojos y párpados, conjuntivitis, inflamaciones bucales, faringitis.

Principios activos
Taninos, derivados del quercetol, arbutósido, ácido ursólico y gálico, uvaol, alantoína.

Plantas con las que combina
Maíz, malva, llantén mayor, perejil, agrimonia, ajedrea, buchú, sabal, arándano, cola de caballo, bolsa de pastor, vara de oro, rabo de gato, milenrama, melisa, enebro, ortiga, malvavisco, ajo.

Presentaciones
Infusión, tintura, té de gayuba, decocción, polvos, pastillas.

Precauciones
- Evitar dosis excesivas, que pueden provocar náuseas y vómitos. Es preferible no tomarla más de una semana seguida.
- Evitar durante el embarazo y la lactancia.
- Evitar si se padecen gastritis y úlceras gastroduodenales.

LA UVA DEL OSO

El nombre científico de la gayuba alude a la afición que tienen los osos por las bayas de este arbusto, común en los bosques de coníferas. En la imagen, por encima, asoma una mata de arándano.

en la Edad Media en Escandinavia y las Islas Británicas, y también estaba presente en las boticas de los monasterios castellanos. Los indígenas norteamericanos fumaban las hojas de gayuba picada y mezclada con el tabaco, según algunos cronistas, con claros efectos narcóticos.

REMEDIOS

INFUSIÓN DIURÉTICA

Para cualquier tipo de afección urinaria, se hierve una cucharada de postre de hojas de gayuba por taza de agua, y se toman tres tazas. Para luchar contra la enuresis infantil combinamos gayuba con milenrama, rabo de gato y melisa, una cucharada de la mezcla por vaso.

TISANA DEPURATIVA

Indicada para tratar la cistitis y uretritis, así como para las infecciones renales crónicas. Mezclamos 20 gramos de cada una de la siguientes plantas: gayuba, barbas de maíz, flores de malva, rabo de gato y ajedrea. Hervimos durante 3 minutos una cucharada sopera de la mezcla por taza de agua, y para mejorar el sabor, le podemos añadir zumo de limón o miel. Tomaremos 3 o 4 tazas al día, entre las comidas.

Como alternativa se recetan unas gotas preparadas con extractos fluidos de gayuba, llantén mayor, enebro y vara de oro, y de las que pueden tomarse tres o cuatro gotas disueltas en una tisana diurética, combinándolo con un consumo generoso de agua.

TÉ DE GAYUBA

Para infecciones de la vejiga y del intestino. Llenamos un tarro de cristal con las bayas de la gayuba, frescas o secas y lo cubrimos con vodka. Lo mantenemos herméticamente cerrado y en un lugar fresco durante al menos tres semanas, agitándolo de vez en cuando. Pasado ese tiempo, se cuela y se vierte en un frasco de vidrio translúcido. Administrar de 30 a 40 gotas diarias.

Las barbas que ayudan a orinar

Si los granos de maíz constituyen la base de la dieta de buena parte de la humanidad, las barbas de las mazorcas destacan por sus virtudes curativas, como la capacidad para estimular la orina y limpiar las vías urinarias.

El maíz se considera una de las plantas más extendidas del planeta, su cultivo intensivo ocupa vastas superficies agrícolas y su fruto se ha convertido en un elemento básico de la alimentación humana. Pero el maíz atesora además un enorme potencial curativo, concentrado básicamente en las barbas que orlan las mazorcas, muy ricas en potasio. Eso explica que su principal virtud sea la notable capacidad para activar la emisión de orina. Se ha demostrado que relaja las vías urinarias y la vejiga, evitando las irritaciones y facilitando la micción. Por ello se indica a personas con retención de orina. Tiene un efecto depurador sobre las vías urinarias, previniendo la aparición de infecciones, como cistits, uretritis u oliguria. Estimula la secreción biliar y contribuye a bajar la tensión sanguínea. Es por tanto un buen aliado para combatir la hipertensión de origen renal, las piedras del riñón, los edemas y la gota. También resulta efectivo en determinadas afecciones circulatorias, que se manifiestan con piernas hinchadas, sabañones y bolsas bajo los ojos.

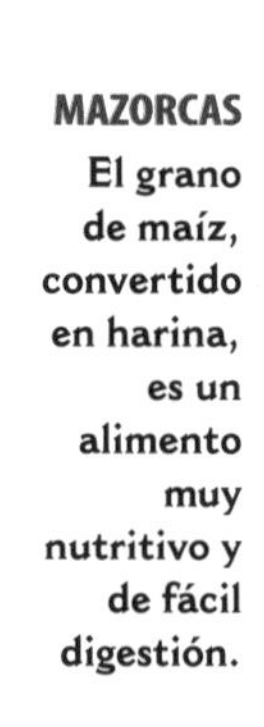

MAZORCAS **El grano de maíz, convertido en harina, es un alimento muy nutritivo y de fácil digestión.**

Leyendas y tradiciones

Se han encontrado restos fósiles del maíz de hasta 5.000 años de antigüedad y sus propiedades medicinales ya fueron exploradas ampliamente por los antiguos aztecas. Preparaban emplastos con los granos del maíz para tratar de sanar las llagas, moratones, forúnculos y otras lesiones de la piel, y cocidos los utilizaban para aumentar la producción de leche materna. Su denominación científica, *Zea mays*, alude a su potencial protector y vigorizante. El maíz fue introducido en España en 1520, como planta ornamental para jardines.

TISANA DIURÉTICA

Mezclamos las barbas del maíz con hojas de abedul, cola de caballo y saxífraga, también llamada hierba de las piedras *(Silene saxifraga)*, en caso de personas con problemas de cálculos de calcio –que sustituiremos por arenaria para aquellas que padezcan de cálculos de ácido úrico– y *Artemisia campestris*. Hervimos durante un minuto el contenido de la mezcla de estas plantas a partes iguales, en la proporción de tres cucharadas soperas por litro de agua. Tras dejarlo reposar tapado durante 10 minutos más, se cuela y se puede ir tomando a sorbos durante toda la jornada.

PARA LA HIPERTENSIÓN

Para hipertensiones de origen renal, se indica la infusión que obtendremos de mezclar a partes iguales unos 10 gramos de estigmas de maíz, hojas de olivo, espino blanco, sanguinaria y raíz de cornejo, en una proporción de una cucharada sopera por vaso de agua. Echamos las plantas en el agua recién hervida y dejamos reposar diez minutos. Se recomiendan dos o tres tomas diarias antes de las comidas.

TISANA CONTRA EDEMAS

Especialmente indicada para las embarazadas, con tendencia a la retención de líquidos. Basta con hervir una cucharada sopera de barbas de maíz, colar y tomar hasta cinco veces diarias.

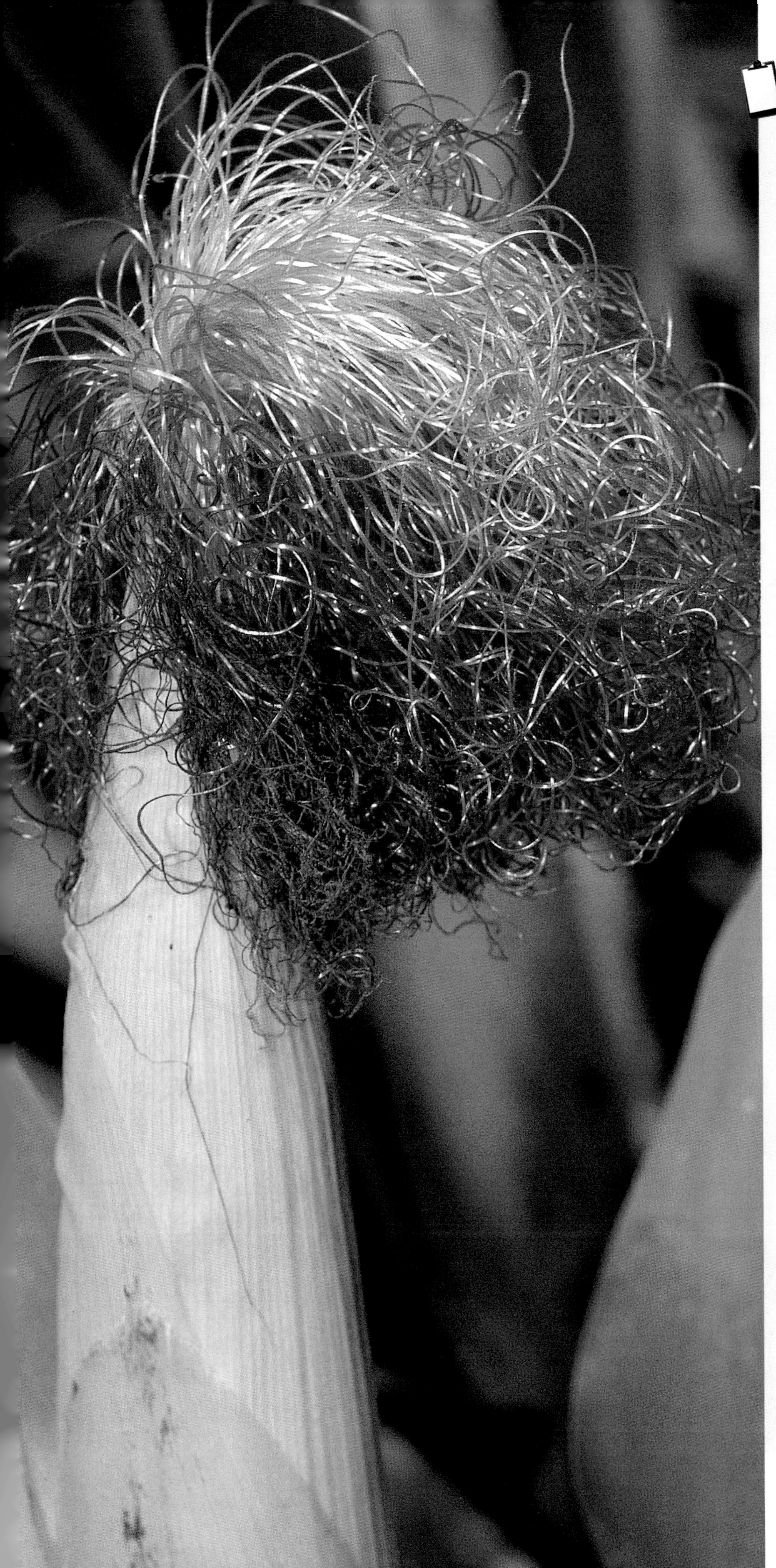

DATOS DE INTERÉS

Aspectos ecológicos

Es una de las plantas más comunes. Procede del centro y sur de América, y se calcula que llegó a Europa hacia 1520. Hoy día su cultivo cubre amplias extensiones en todo el mundo.

Descripción

Gramínea de hasta los 3 metros de alto. Tiene el tallo hueco y las hojas enormes y alargadas. Las flores, diminutas, de color amarillento, crecen en espigas terminales. Cuando fructifican dan lugar a las conocidas mazorcas.

Recolección y conservación

Para uso en medicina naturista se aprovechan los estigmas, o barbas, que aparecen abrazando a las mazorcas en verano. Se conservan secos, en recipientes herméticamente cerrados.

Propiedades

Diurético, ligero hipotensor, hipoglucemiante, demulcente urinario, colerético.

Indicaciones

Trastornos urinarios como cistitis crónica, uretritis, ureteritis, oliguria, retención de orina, cálculos renales, prostatitis, enuresis, hipertensión arterial, diarreas, irritaciones cutáneas, forúnculos, llagas, pieles resecas, heridas.

Principios activos

Alcaloides, flavonoides, sales minerales, taninos, mucílagos, ácido salicílico, alantoína y un aceite volátil.
En las semillas, ácidos grasos, almidón, aminoácidos y carotenoides.

Plantas con las que combina

Gayuba, buchú, diente de león, cola de caballo, hojas de abedul, olivo, espino blanco, sanguinaria, cornejo, ajedrea, gatuña, fresno, anís, llantén mayor, rabo de gato, ortiga y lúpulo.

Presentaciones

Infusión, cocimiento, tintura, jarabe, pastillas, semillas.

Precauciones

- En pacientes con insuficiencia renal grave o cardiopatías, sólo debe ser administrado bajo prescripción médica.

El diurético africano

Esta modesta planta africana tiene una magia especial para purificar el organismo, sea a través de las vías urinarias o de las respiratorias.

Del extremo sur de África llega una planta de aspecto modesto que nos ofrece toda su fuerza para aliviar cualquier tipo de infección urinaria. El contenido en aceite esencial de sus hojas (diosfenol) es el principal responsable de su acción antiséptica sobre las vías urinarias, que lo hace especialmente indicado para tratar dolencias tan frecuentes en la mujer como la cistitis aguda, la uretritis crónica y la inflamación vaginal, y en personas con tendencia al sobrepeso facilita la eliminación de orina. También contribuye a aliviar los problemas de próstata. Destaca igualmente por su capacidad para limpiar las vías respiratorias y resulta ideal en casos de faringitis y bronquitis.

Leyendas y tradiciones

El buchú ya era muy conocido como bálsamo medicinal por los nativos de la zona, los hotentotes, que lo utilizaban además para perfumarse el torso. Fue llevado por primera vez a Europa en 1790, donde no tardaría en ser apreciado como remedio urinario.

REMEDIOS

INFECCIONES URINARIAS

Infusión muy útil contra la cistitis, uretritis y otras dolencias urinarias. Mezclamos 5 gramos de hojas de buchú, barbas de maíz y malvavisco y lo hervimos en 750 ml. de agua. Se puede ir bebiendo a lo largo de la jornada.

Se administra también en forma de pastillas, y se toma una o dos cápsulas de 500 mg al día.

DATOS DE INTERÉS

Aspectos ecológicos
Arbusto originario de la región sudoccidental de El Cabo, crece sobre laderas soleadas y pedregosas. Emite un aroma penetrante, muy característico, que podría recordar al romero.

Descripción
Arbusto espeso, de hasta 2 metros de alto, muy ramificado, con las hojas elípticas, duras y lustrosas.

Recolección y conservación
Se aprovechan las hojas, que se conservan secas. La recolección está sujeta a estrictas normas de control en su hábitat natural, la región de El Cabo, a causa de su vulnerabilidad y para poder cosecharlo se precisa de una licencia que expide el gobierno regional.

Propiedades
Antiséptico urinario y respiratorio, estimulante uterino, diurético, emenagogo, antiinflamatorio, tónico digestivo, carminativo.

Indicaciones
Infecciones urinarias como cistitis, uretritis, ureteritis y prostatitis, leucorrea, vulvovaginitis, edemas, gota, sobrepeso por retención de líquidos, indigestiones, colon irritable, hipertensión arterial, bronquitis, faringitis, varices, hemorroides.

Principios activos
Aceite esencial (diosfenol, mentona y pulegona), flavonoides, mucílagos.

Plantas con las que combina
Gayuba, maíz, cola de caballo, diente de león, perejil, agrimona, ajedrea, arándano, enebro, ortiga, malvavisco, ajo.

Presentaciones
Infusión, tintura, pastillas, gotas, jarabe, aceite esencial.

Precauciones
- Evitar durante el embarazo y la lactancia.
- No coniene rebasar las dosis indicadas, ya que podría provocar un efecto contrario, con posibles irritaciones.

Apoyo para los diabéticos

Los frutos y hojas del arándano son muy apreciados por su eficacia para acabar con las diarreas infantiles y como un remedio para mejorar la vista.

Niños y adolescentes, propensos a sufrir diarreas frecuentes y malestares intestinales, tienen en el arándano una ayuda inestimable para poner freno a tan molestos problemas. Sus hojas resultan un potente astringente, por lo que son muy útiles también para atajar hemorroides sangrantes y varices. Por la acción de un componente químico conocido por arbutósido, el arándano se revela ciertamente eficaz como desinfectante urinario, y se compara con la gayuba para tratar la cistitis y otras infecciones del sistema urinario. Se le atribuye capacidad para regular los niveles de azúcar en sangre y orina, y por ello se recomiendan en los estadios iniciales de la diabetes. En herboristería se recomiendan los frutos para tratar diversas dolencias oculares como degeneración de la retina y como apoyo en el tratamiento contra la miopía. Y en uso externo, las hojas se usan para facilitar la cura de heridas cutáneas, como eccemas y úlceras y para calmar dolores dentales.

Leyendas y tradiciones

Los frutos del arándano, muy apreciados en la gastronomía popular centroeuropea, se utilizan para elaborar deliciosos zumos, confituras y mermeladas, y como ingrediente en repostería. Su uso más común es para revestir las típicas tartas de queso. Antiguamente se habían recetado para combatir el escorbuto. Además son ávidamente consumidos por las aves del bosque, que contribuyen a dispersar las semillas.

REMEDIOS

INFUSIÓN PARA DIABÉTICOS

Vertemos 20 gramos de hojas de arándano, trituradas y desmenuzadas, en un litro de agua hirviendo. Tras dejarlo reposar 10 minutos, se filtra. Se recomienda tomar hasta 4 tazas diarias, tras las comidas.

YOGUR CON ARÁNDANOS PARA MEJORAR LA VISTA

Vertemos una cucharada de bayas de arándano o su jugo en el yogur y lo endulzamos con una pizca de miel. Es una solución apta también para diabéticos, en cuyo caso se debe prescindir del azúcar o miel.

CURA DE ARÁNDANOS

Tiene un efecto reparador sobre los intestinos y el aparato urinario. Basta con tomar medio kilo de frutos frescos, no excesivamente maduros, al día. Ejerce un efecto preventivo ante posibles infecciones.

DATOS DE INTERÉS

Aspectos ecológicos
Crece en suelos húmedos y sombreados, en márgenes y claros de bosques, setos y praderas.
Es originario de Europa.

Descripción
Arbusto de 40 cm de alto, hojas pequeñas, elípticas, flores rosadas y bayas esféricas, moradas cuando están maduras.

Recolección y conservación
Se recolectan las hojas, a principios de verano, y se conservan secas.
Las bayas se recogen a finales de esta estación.

Propiedades
Antiséptico urinario, antihemorrágico, astringente, antidiarreico, hipoglucemiante, antifungicida, antiinflamatorio, vasoprotector.

Indicaciones
Trastornos urinarios como la cistitis, uretritis y vulvovaginitis, diarreas persistentes, hemorroides, varices, fragilidad capilar, edemas, diabetes, disentería, infecciones cutáneas, eccemas, miopía, infecciones bucales.

Principios activos
Arbutósido, taninos, flavonoides, ácido ursólico, sales minerales (en las hojas), azúcares, ácidos orgánicos y flavonoides como el rutósido (en los frutos).

Plantas con las que combina
Gayuba, maíz, cola de caballo, perejil, agrimonia, ajedrea, enebro, ortiga, malvavisco, ajo.

Presentaciones
Zumo de bayas, bayas crudas, compotas y mermeladas, infusión, decocción, jarabe, extractos secos y fluidos.

Precauciones
- No administrar de manera continuada durante periodos largos.
- No olvidar que las bayas maduras son algo laxantes y secas, astringentes.

MADROÑO *Arbutus unedo*

Contra infecciones en la vejiga

Arbusto muy representativo del paisaje mediterráneo, que en otoño luce unas vistosas bayas rojas y granuladas, de sabor agradable, aunque un poco amargo. Frutos, hojas y corteza son utilizados en fitoterapia por sus grandes posibilidades medicinales. Destaca por sus virtudes como astringente natural, que lo hace adecuado para atajar diarreas persistentes. Pero sobre todo posee una acción purificadora sobre el aparato urinario, capaz de disminuir la infección en la vejiga y la uretra. Se ha indicado también como alivio general cuando aparecen los problemas de próstata.

INFECCIÓN E INCONTINENCIA

Hervimos durante 15 minutos 10 gramos de hojas o corteza de madroño en un litro de agua. Mantenemos el cazo sumergido en agua hasta que se enfríe. Tomamos 3 vasos al día.

Indicaciones: Infecciones urinarias como la cistitis, uretritis, ureteritis, incontinencia, diarreas, disentería, cólicos nefríticos, faringitis.

Presentación: Bayas crudas y frescas, compotas y mermeladas, zumos y licores, decocción.

SABAL *Serenoa repens*

Cuidado de la próstata

A partir de los 60 años es frecuente en el hombre encontrarse con problemas de próstata, que provoca dificultades en la micción o micción dolorosa. El sabal es una pequeña palmera americana, cuyas bayas poseen actividad para regenerar el tejido que recubre la próstata y estimular su función secretora y es un complemento adecuado en el tratamiento de otros trastornos del sistema urinario. Se han demostrado útiles para tratar la atrofia testicular en los hombres, despertar la líbido dormida, y como diurético, para facilitar la secreción de orina. Es una planta que actúa como tónico, contribuyendo a fortalecer los tejidos corporales e incluso ayudando a ganar peso, por ello se puede aconsejar en las fases de crecimiento.

TISANA

Mezclamos 30 gramos de frutos de sabal triturados con la misma cantidad de gayuba y cola de caballo. En el caso de personas con manifiestas molestias de incontinencia, se añaden 15 gramos más de hojas de buchú. Vertemos en frío el contenido de tres cucharadas soperas de la mezcla por un litro de agua, y tras dejarlo hervir no más de dos minutos, lo mantendremos, en reposo y tapado, durante otros diez minutos más. Una vez colado, se puede ir tomando la decocción cuando se tenga sed.

Indicaciones: Prostatitis, cistitis y otras infecciones urinarias, impotencia, eyaculación precoz, trastornos hormonales, fatiga y debilidad del organismo general.

Presentación: Infusión, decocción, tintura, bayas secas (dátiles), extractos, comprimidos, cápsulas

Potente diurético

Este arbusto de formas caprichosas, abundante en los parajes de montaña, atesora un enorme potencial curativo. El aceite esencial obtenido a partir de sus gálbulos –falsos frutos–, tiene un efecto diurético casi inmediato, a lo que suma su capacidad para combatir todo tipo de infecciones urinarias, como cistitis, uretritis y prostatitis. También posee una acción digestiva, reequilibrando las funciones del estómago y evitando la aparición de cólicos, pero debe descartarse un consumo excesivo por sus efectos secundarios.

BARDANA *Arctium lappa*

Purificadora del organismo

La bardana o lampazo es una gran planta purificadora general del organismo, muy adecuada para personas sometidas a una situación de estrés y desconcierto vital, que les ha conducido a descuidar un poco el cuidado de su propio cuerpo. La raíz de bardana contiene inulina y ácidos fenólicos, responsables de su acción diurética y colerética, que la hacen muy útil para afrontar diferentes tipos de dolencias genitourinarias, como la infección de vejiga o uretra, eliminar las toxinas, estimular la secreción de bilis y destruir las bacterias. Es también un buen regulador del azúcar en la sangre y un bálsamo depurativo, ideal para eliminar las impurezas e irritaciones de la piel, como acné, eccemas, forúnculos, abscesos, hongos, etc.

PARA ELIMINAR TOXINAS

Preparamos un cocimiento con dos cucharadas de postre de raíz de bardana y cinco de diente de león. Se hierve cinco minutos, y se toman dos tazas diarias. Para combatir el acné se combina en infusión con maíz, zarzaparrilla, diente de león y vara de oro.

Indicaciones: Afecciones del sistema urinario, alteraciones de la vesícula biliar, inapetencia, hipertensión arterial, gota, edemas, diabetes.

Presentación: Cocimiento, infusión, tintura, extracto seco y fluido, polvos, aceite de bardana.

REMEDIOS

INFUSIÓN DIURÉTICA

Se prepara hirviendo 20 gramos de cebada en un litro de agua. Al primer hervor, echamos 20 gramos más de gálbulos de enebro, a ser posible recientes. Se deja reposar durante 15 minutos, y se añade una cucharadita de miel para endulzar. Se recomiendan tres o cuatro dosis diarias.

Indicaciones: Afecciones genitourinarias como cistitis, uretritis y urolitiasis, hipertensión, edemas, gota, inapetencia, dolores estomacales, cólicos, bronquitis, faringitis, rinitis, problemas reumáticos y dermatológicos (acné, eccemas, forúnculos, hongos, psoriasis), menstruaciones irregulares o escasas.

Presentación: Gálbulos frescos, cocimiento, infusión, tintura, aceite esencial, vino de enebro, pastillas.

PEREJIL *Petroselinum sativum (P. crispum)*

Reforzante y diurético

Sobradamente conocido como condimento de cocina, para aderezar guisos y adornar los platos más diversos, el perejil une a su fuerza como planta digestiva y aperitiva, una potente acción diurética, que le proporciona el contenido en flavonoides, sales minerales y aceite esencial de sus hojas y frutos. Es por tanto ideal para personas con dificultad para orinar, contribuye a limpiar los riñones y alivia en diferentes infecciones como la cistitis y la uretritis. Es un buen complemento vitamínico y remineralizante, que se utiliza además para evitar las ventosidades. Las semillas –ricas en apiol– ofrecen a la mujer una ayuda para hacer bajar la menstruación que se retrasa o como regulador del ciclo.

REMEDIOS

PROVOCAR LA ORINA

Tomamos 10 gramos de raíz de perejil triturada por taza de agua y lo hervimos cinco minutos. Se deja en reposo unos diez minutos más, tras lo cual se cuela. Se recomiendan dos tomas diarias, tras las comidas principales.

Indicaciones: Contención de la orina, infecciones urinarias, flatulencias, sobrepeso por retención de líquidos, inapetencia, indigestiones, hipertensión, gota, edemas, amenorrea, dolencias reumáticas.

Presentación: Infusión, cocimiento, tintura, polvos, extractos fluido y seco, jugo de planta fresca, cataplasmas con plantas machadas, té de perejil.

Plantas respiratorias

Los problemas respiratorios son una de las dolencias más frecuentes con las que topamos a diario, presentándose como simples resfriados, procesos gripales, anginas, bronquitis o asma. Las plantas medicinales estimulan la eliminación de toxinas y a menudo propician una curación más duradera que la que se obtiene con fármacos.

Los resfriados hay que «cocerlos» en la cama, o cuanto menos en reposo. El tratamiento básico de los resfriados es buena hidratación (tomar tisanas y beber agua), y la utilización de algún sudorífico como el **saúco** para estimular la depuración a través de la piel. Si se tiene tos, serán útiles plantas como el **tusílago** o la **drosera**, y si se tiene una bronquitis asociada, las emolientes o mucilaginosas como el **malvavisco** o la **malva**. Como preventivo de los resfriados es altamente útil tomar preparados a base de **equinácea**, que estimula la inmunidad.

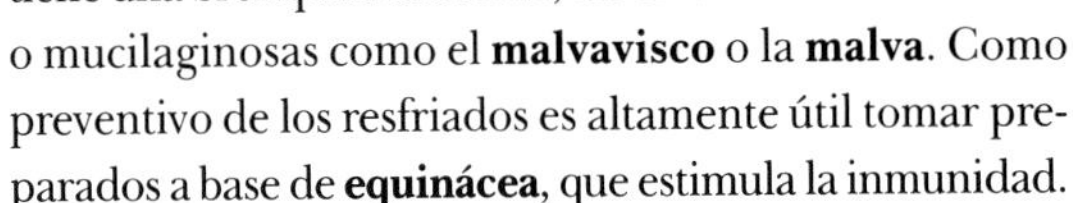

Gripe

La gripe no debe confundirse con el resfriado común, ya que aunque en ocasiones presenta síntomas de resfriado (tos, mal de cuello, expectoración), en otras tiene una apariencia absolutamente diferente (fiebre, diarrea, dolor de barriga). El tratamiento de la gripe, sin embargo, ha de ser puramente sintomático y desde luego no utilizar ningún antibiótico si no hay una sospecha importante de infección sobreañadida.

Bronquitis

La bronquitis se produce muchas veces como consecuencia de alguno de los procesos anteriores. En muchos casos esta bronquitis está favorecida por el hábito al tabaco. Uno de los primeros tratamientos en la bronquitis es utilizar plantas expectorantes y mucilaginosas, que estimulan la producción y la expulsión del moco. Si la tos no es muy intensa, de entrada no utilizaremos plantas antitusígenas, pero si ésta es muy molesta, acaba irritando la mucosa y haciendo la tos más crónica. En este último caso pueden ser útiles plantas para la tos como la **drosera**, o los pétalos de **amapola**, que son ricos en codeína. Finalmente, también se pueden hacer formulaciones con plantas balsámicas, de agradable olor, pero con una notable actividad antiséptica que puede hacer que exista un menor riesgo de infección posterior, lo que podría cronificar la bronquitis.

Amigdalitis

Muchos niños tienen anginas con pus con frecuencia, y para prevenir su aparición reciben antibióticos cada vez que les duele el cuello. Es un gran error, porque cronifica el problema. La dieta de la persona con amigdalitis ha de ser pobre en refrescos azucarados, productos lácteos y alimentos refinados, y rica en frutas y verduras. Si seguimos estas pautas es posible que en un plazo medio de tiempo empiecen a remitir. Las plantas para la amigdalitis pueden aplicarse en forma de gargarismos de hojas de **zarzamora**, de **arándano** o de **llantén**, por su acción astringente; y también pueden tomarse preparados por vía interna a base de **grosellero negro**, **equinácea** o **tila**, que mejoran la inmunidad. Asimismo, se hará un tratamiento sintomático de los diferentes problemas que puedan surgir, siendo útiles los expectorantes y las plantas para la tos.

Asma

Un asma severa requiere un control del neumólogo y un tratamiento relativamente prolongado. Sin embargo, la mayoría de los asmáticos son ligeros, y en este caso el uso de medicamentos de síntesis antiasmáticos acaba cronificando y agravando el problema.

Existen plantas con efectos dilatadores bronquiales, aunque esta dilatación se realiza mediante una vía nerviosa, y por ello tampoco están exentas de efectos secundarios, como es el caso de la **efedra** o de la **lobelia**. Son más manejables otras plantas como la **biznaga** o el **té**, que tiene una gran riqueza en xantinas inductoras de la dilatación bronquial. Un tratamiento para el asma ha de incluir también expectorantes pectorales y mucilaginosos.

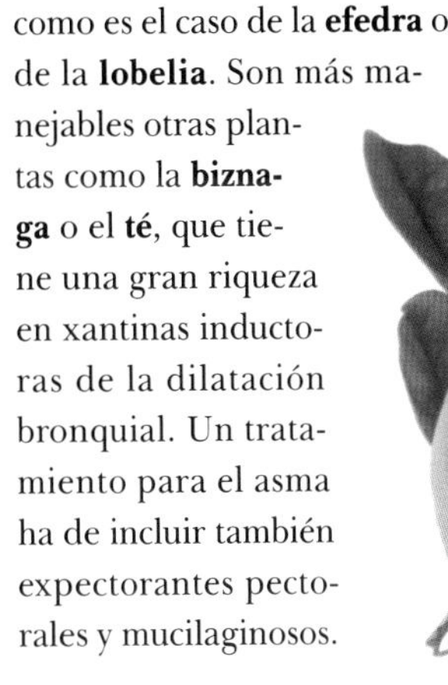

LIMÓN Y TOMILLO
El zumo de limón y una infusión de tomillo son dos recursos clásicos y eficaces para combatir los catarros y la gripe.

Enemigo de los resfriados

Las aromáticas hojas de este árbol australiano constituyen uno de los expectorantes y desinfectantes más poderosos que nos brinda la naturaleza, ideales para resfriados y congestión nasal.

La sola mención del eucalipto nos trae a la mente el recuerdo de su fragancia inconfundible, fresca y mentolada, de sus hojas, convertidas en caramelo contra la tos. Es un recurso ideal cuando empiezan a surgir los inevitables y siempre molestos catarros estacionales. Por su eficacia como expectorante natural, es útil en congestiones del pecho. Gracias a su gran poder antiséptico sobre las vías respiratorias, ayuda a expulsar la mucosidad y despeja la garganta, elimina la tos y puede bajar la fiebre. Por todo ello resulta muy aconsejable para combatir los resfriados, con congestión nasal o tos, gripe, neumonía, ciertas alergias, dolor de oídos y para aliviar la inflamación de los conductos respiratorios, así como para purificar los bronquios. El eucalipto es además un remedio indicado también para niños acatarrados, que aceptan bien su sabor mentolado.

VAHOS
Los vahos de hojas, flores y frutos de eucalipto son el remedio expectorante de uso más universal.

Leyendas y tradiciones

Los aborígenes australianos han considerado las hojas de este árbol, desde tiempos inmemoriales, como un remedio insustituible para bajar la fiebre.

DECOCCIÓN ANTI-CATARRO

Despeja la congestión nasal y permite respirar mejor. Mezclamos a partes iguales hojas de eucalipto, raíz de malvavisco, regaliz, liquen de Islandia, oreja de oso, malva en flor y brotes de abeto troceados. Combinamos una cucharada sopera de la mezcla por una taza de agua. En cuanto arranque a hervir, lo apartamos del fuego y lo dejamos reposar, tapado, durante 5 minutos. Lo colamos y, si se quiere, podemos endulzarlo con una pizca de miel. Se trata de tomarlo cada tres horas, caliente y a pequeños sorbos.

VAHOS DE EUCALIPTO

Están indicados para aquellas personas propensas a que les gotee la nariz o el lacrimal. Se hierven hojas de eucalipto junto con manzanilla –por su poder antihistamínico y antiinflamatorio– y lavanda –para contrarrestar el efecto resecante del eucalipto– y se inhala el vapor. También pueden ser utilizados en compresas o friegas que se

aplican sobre el pecho o la espalda cuando nos es costoso respirar.

APLACAR LA TOS

Mezclamos a partes iguales y troceamos hojas de eucalipto, raíz de malvavisco y regaliz, flores de saúco, malva, borraja y amapola, liquen de Islandia, brotes de abeto, pulmonaria y tusílago. En un cazo de agua que hemos mantenido a fuego lento durante 5 minutos, echamos el contenido de una cucharada de postre de la mezcla por taza. Tras dejarlo reposar 10 minutos, se cuela y se toma en caliente, a pequeños sorbos, tres o cuatro veces al día.

DATOS DE INTERÉS

Aspectos ecológicos
Fue introducido en Europa en el siglo XIX, y debido a su rápido crecimiento, extensamente plantado en muchos países de Europa, como el nuestro. No obstante, su plantación masiva, destinada a la obtención de pasta de papel, acidifica el suelo y absorbe muchos recursos hídricos. Esta es sólo una de las más de trescientas especies de eucaliptos que se encuentran repartidas por Australia, Nueza Zelanda y algún sector de Indonesia.

Descripción
Árbol de porte imponente, de hasta 35 metros de alto, con la corteza lisa y quebradiza, y las hojas grandes y alargadas, de color verde-azulado.

Recolección y conservación
Se recolectan las ramas adultas para el aprovechamiento de sus hojas. Basta con ponerlas a secar a la sombra y conservarlas en un frasco cerrado, para evitar así que disminuyan sus propiedades.

Propiedades
Expectorante, antiséptico, mucolítico, febrífugo, sudorífico, calorífico, hipoglucemiante, antiinflamatorio y cicatrizante.

Indicaciones
Resfriados, catarros, gripe, faringitis, laringitis, bronquitis, sinusitis, rinitis, otitis. Aceite esencial para infecciones de la piel y dolores artríticos. Apoyo contra el asma, diabetes.

Principios activos
Aceite esencial, con alto contenido de eucaliptol y cineol, flavonoides como la eucaliptina, taninos y resinas.

Plantas con las que combina
Tomillo, regaliz, saúco, lavanda, romero, manzanilla, abeto, llantén mayor, apio, ajo, cebolla, malva, malvavisco, borraja, pulmonaria, tusílago, ajedrea, oreja de oso, hipérico y salvia.

Presentaciones
Infusión, aceite esencial, vahos y baños, gargarismos, tintura, cápsulas y en caramelos.

Precauciones
- El aceite esencial se debe evitar durante el embarazo, la lactancia y en niños menores de seis años.
- Mejor abstenerse si se padece una inflamación gastrointestinal.
- Es preferible evitarlo si se están tomando sedantes.

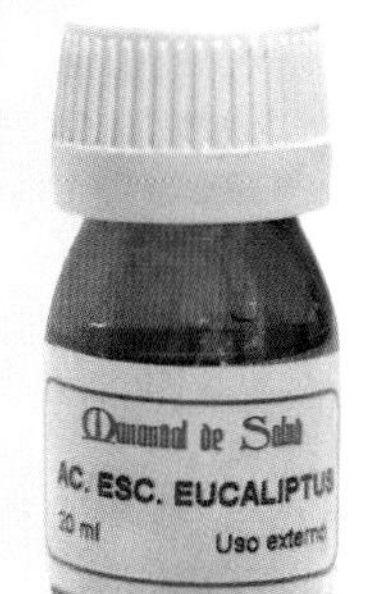

PARA LA RINITIS

Nos valdremos de una disolución en aceite, que aplicaremos sobre las fosas nasales con ayuda de un algodón. Produce un filtro que evita el resecamiento, y por tanto resulta ideal para conjuntivitis y rinitis alérgicas. Se prepara mezclando a partes iguales hojas de eucalipto, manzanilla, hipérico, lavanda, romero y salvia. Bañamos la mezcla en aceite de oliva y lo hervimos al baño maría durante 15 minutos. Lo dejamos reposar hasta que se enfríe y luego lo colamos. Es preciso conservarlo en un frasco de cristal tapado y en un lugar sombreado.

Reparador del organismo

El llantén es una planta medicinal polivalente que sirve tanto para atajar los resfriados y luchar contra la gripe, como también para frenar las diarreas o tratar problemas de hígado y heridas cutáneas.

Es una planta típica de los caminos que nos brinda todo su apoyo benefactor precisamente para regresar al camino de nuestras tareas cotidianas cuando somos atacados por virus y bacterias. Su riqueza en mucílagos hace del llantén una hierba muy apta para enfrentarse a los resfriados, y por tanto, un remedio beneficioso para un importante sector de la población. El llantén es un excelente expectorante y demulcente, que actúa con gran eficacia para despejar las vías respiratorias, reducir las décimas de fiebre y eliminar la afonía, siendo por ello un arma muy útil para plantar cara a los catarros, combatir la infección de faringe, laringe y bronquios y contrarrestar los efectos de la gripe. Por su efecto antiinflamatorio actúa bien para aplacar el dolor de oídos y muelas y reduce la inflamación ocular. Por otro lado destaca como una buena planta digestiva, útil tanto en casos de diarreas como de estreñimiento.

LAS HOJAS **Se han utilizado, cocidas, en verduras, como un remedio tradicional contra los dolores de vientre. En la imagen, las hojas del llantén menor.**

Leyendas y tradiciones

Los pueblos indígenas de Norteamérica llamaron al llantén la huella del hombre blanco, por hallarla plantada por los primeros colonos blancos por allí donde éstos se asentaban.

JARABE CONTRA LA BRONQUITIS

Mezclamos y trituramos 10 gramos de cada una de las siguientes plantas: llantén mayor, brotes de abeto, saúco, amapola y malva, pulmonaria, tusílago, liquen de Islandia, hojas de eucalipto, borraja, salvia, raíces de regaliz, malvavisco y polígala. Vertemos tres cucharadas soperas de la mezcla en un litro de agua, y le añadimos un pedazo de caña de fístula *(Cassia fistula)* y dos cucharadas de azúcar cande. Lo hervimos durante unos 10 minutos para a continuación mantenerlo un tiempo similar en reposo, tapado. Para mejorar el sabor, se puede endulzar con una pizca de miel. Se recomienda una tacita caliente cada tres o cuatro horas, y a los pocos días habrá desaparecido la tos.

Una infusión de sumidades floridas de llantén se aplica en forma de gárgaras para rebajar la inflamación de garganta y reducir la mucosidad.

SOLUCIÓN ANTIDIARREICA

Válida también para molestias intestinales. Es una decocción que preparamos mezclando 10 gramos de llantén, corteza de encina, cola de caballo, condurango y salicaria. Echamos dos cucharadas de la mezcla en un litro de agua hirviendo, lo dejamos reposar 10 minutos y el líquido, una vez filtrado, puede tomarse en cinco o seis dosis a lo largo de la jornada.

LOCIÓN PARA HERIDAS

Llenamos un frasco con hojas frescas de llantén y vertemos glicerina hasta cubrirlas por completo. Lo mantenemos quince días en reposo, en un lugar sombreado y fresco. Pasado ese tiempo, lo colamos y vertemos el líquido en una botella de cristal translúcido. Se aplica sobre llagas, picaduras de insectos, sarpullidos y todo tipo de heridas cutáneas, con masaje suave. El jugo de llantén fresco, mezclado con zumo de limón, es un notable diurético y depurativo.

DATOS DE INTERÉS

Aspectos ecológicos

Planta común en márgenes de caminos y sembrados, que prospera sobre suelos húmedos y fértiles. Está presente en toda Europa.

Descripción

Planta perenne de hasta 20 cm de alto, con las hojas muy grandes, en roseta basal, y flores diminutas, agrupadas en espigas finas y alargadas.

Recolección y conservación

Se recolectan a finales de primavera y se aprovechan las hojas y las espigas florales.

Propiedades

Demulcente, expectorante, antialérgico, antibacteriano, antiinflamatorio, astringente, digestivo, antiespasmódico, hemostático, diurético y cicatrizante.

Indicaciones

Resfriados, gripe, bronquitis, faringitis y demás inflamaciones de las vías respiratorias, alergias respiratorias, úlceras gastroduodenales, estreñimiento, diarreas, disentería, hemorroides, disfunciones hepáticas, ictericia, trastornos urinarios como cistitis y uretritis, rinitis, gingivitis, úlceras bucales, conjuntivitis, blefaritis, afecciones de la piel como herpes, eccemas, psoriasis y quemaduras.

Principios activos

Mucílagos, taninos, pectina, flavonoides, alcaloides, cumarinas y sales minerales.

Plantas con las que combina

Tomillo, romero, manzanilla, malva, pulmonaria, tusílago, eucalipto, menta, polígala, drosera, abeto, liquen de Islandia, malvavisco, oreja de oso, gordolobo, salicaria, cola de caballo, rabo de gato, hipérico y salvia.

Presentaciones

Zumo de planta fresca, infusión, cocimiento, jarabe, tintura, extracto seco y fluido, cataplasma de hojas frescas, loción y pomada.

Para respirar y digerir mejor

Esta planta aromática tan común constituye un remedio natural incomparable para tratar afecciones respiratorias y digestivas.

Si hay una planta donde la humildad se conjuga con un aroma evocador y un gran poder medicinal, ésa es sin duda el muy extendido tomillo. Ante todo cabe destacar su probado efecto antiséptico de las vías respiratorias, que inhibe el desarrollo de infecciones, muy eficaz contra los catarros con tos irritativa y en casos de sinusitis, faringitis y bronquitis. Por otro lado, el tomillo, por su poder carminativo y antiespasmódico, favorece la digestión, abre el apetito y contribuye a aliviar el malestar tras haber ingerido alimentos en mal estado o en cantidad excesiva. Es un excelente tonificante del organismo, capaz de estimular las facultades intelectuales y la agilidad mental. Por ello se recomienda en situaciones de pérdida de memoria e irritabilidad nerviosa. Es válido para aliviar diversos dolores musculares y de articulaciones, desde tortícolis a lumbagias, ciáticas y artrosis. En uso externo se emplea para tratar diversas afecciones de la piel, como heridas, eccemas y forúnculos, y como revitalizador del cuero cabelludo.

FLOR DE TOMILLO
En los catarros, una infusión de flores y hojas de tomillo depara alivio al instante.

Leyendas y tradiciones

Para los antiguos griegos el tomillo simbolizaba la actividad y se cuenta que en la Edad Media las damas bordaban la figura de esta planta en los ropajes de sus caballeros para infundirles suerte en sus campañas guerreras. El tomillo es una planta representativa de la cultura mediterránea.

REMEDIOS

AGUA DE TOMILLO

Fórmula polivalente, válida contra los catarros y como remedio digestivo. Se hierve durante 2 minutos el contenido de una cucharada de postre de tomillo por cada tacita de agua, dejándolo reposar tapado durante 10 minutos más. Le añadimos unas gotitas de limón y lo tomaremos a sorbos 3 veces al día, antes de las comidas. Se debe procurar que no queden muy concentradas.

CONGESTIÓN NASAL

Mezclamos a partes iguales tomillo, equinácea, malvavisco y flores de saúco, y elaboramos una tintura (macerar en alcohol). Se toman, en caliente, tres tomas diarias, disueltas en agua.

DATOS DE INTERÉS

Aspectos ecológicos
Crece en lugares secos y pedregosos, muy expuestos al sol, en laderas rocosas y bordes de sembrados, formando a veces vastas praderas, muy aromáticas en primavera.

Descripción
Planta aromática de tallos leñosos, y hasta 40 cm de alto, poblada de hojas diminutas y bellas flores rosadas, agrupadas en inflorescencias terminales.

Recolección y conservación
Se suele recolectar a finales de verano, utilizándose sólo las sumidades floridas.

Propiedades
Expectorante, antiespasmódico, antiséptico, aperitivo, digestivo, colerético, diurético, antihelmíntico y antifúngico.

Indicaciones
Trastornos respiratorios, como catarro, gripe, inflamación de garganta, tos irritativa, amigdalitis, faringitis, bronquitis, asma, neuralgias, dolores de cabeza, trastornos digestivos, inapetencia, espasmos gastrointestinales, gastritis, colitis, lombrices intestinales, afecciones urinarias como cistitis, infecciones de la piel, úlceras, llagas, sabañones y mordeduras; alopecia, dolores reumáticos, esguinces, torceduras, inflamaciones bucales y dolores de muelas.

Principios activos
Flavonoides, ácidos fenólicos (rosmaricina), taninos, saponinas y aceites volátiles como el timol.

Plantas con las que combina
Eucalipto, llantén mayor, manzanilla, saúco, romero, gordolobo, malvavisco, malva, drosera, nogal, genciana, ortiga, caléndula, melisa, equinácea, anís, ajo y abrótano hembra.

Presentaciones
Infusión, tintura, jarabe, aceite esencial, loción, pomadas, cremas, sopa de tomillo.

Precauciones
- Es preferible evitar la ingestión de aceite esencial por parte de embarazadas, lactantes y niños menores de seis años.

Purificador pulmonar

Resfriados, gripe y alergias como la rinitis y el asma pueden ser tratados con esta planta de montaña, útil también en caso de quemaduras.

Cuando sentimos el pecho muy congestionado por la mucosidad, cuando la tos se ha vuelto insistente y hasta dolorosa, y nos cuesta respirar con naturalidad, lo que más desearíamos es poder estornudar libremente para aliviarnos de esta molesta carga. El gordolobo, una planta muy común en nuestros montes, tienen la impagable virtud de que con sólo inspirar el polvillo de sus espigas florales nos provoca el estornudo, una manera sencilla y básica de despejar los conductos respiratorios. Y es que el gordolobo, por su acción expectorante y demulcente, es un remedio natural muy efectivo para defenderse de los catarros, pues ayuda a reducir la inflamación de la garganta y a limpiar las vías respiratorias de mucosidad. Su aceite esencial se ha demostrado muy útil como rejuvenecedor del cabello, para reparar las uñas dañadas y para las curas paliativas contra las hemorroides.

Leyendas y tradiciones

Desde la Edad Media es conocida su fuerza para acabar con la tos y la ronquera, y se le atribuían poderes mágicos. En las sesiones de brujería, las brujas empleaban candiles y mechas confeccionados con espigas de esta planta. El nombre genérico de *Verbascum* puede proceder del vocablo latino *barbascum*, por el aspecto barbado de la planta.

REMEDIOS

INFUSIÓN CONTRA LA TOS

Eficaz remedio contra el catarro, la bronquitis y para atajar la tos. Combinamos 2 g de flores de gordolobo con 8 g de raíz de malvavisco, 3 de raíz de regaliz, 1 gramo de raíz de violeta, 4 de hojas de tusílago y dos más de anís verde por un 1/4 de litro de agua hirviendo. Dejamos reposar diez minutos. Se debe consumir caliente y bien filtrada, a pequeños sorbos, tres veces al día.

COMPRESAS CONTRA LAS QUEMADURAS

Por su efecto refrescante y calmante, el gordolobo resulta útil para tratar quemaduras solares no muy graves. Hervimos en un litro de agua y durante cinco minutos, tres cucharadas de flores de gordolobo junto a tres más de hojas de menta. Luego lo dejamos enfriar y le añadimos unas gotitas de vinagre. Con el líquido resultante empapamos unas compresas y las aplicamos sobre la zona quemada tres veces al día. El alivio se empezará a notar a las pocas horas.

LECHE DE GORDOLOBO CONTRA LOS SABAÑONES

Vertemos una cucharada de hojas de gordolobo en un 1/4 de litro de leche, y lo retiramos del fuego justo cuando arranca a hervir. Con la leche, empapamos unas gasas o algodón, que puesta sobre los sabañones, nos aportarán un gran alivio, por lo que se puede emplear tantas veces como se quiera. Eso sí, es preciso renovar el preparado cada día.

DATOS DE INTERÉS

Aspectos ecológicos
Planta muy extendida, que crece tanto al borde de caminos y sembrados, como en pendientes pedregosas y taludes, en zonas de montañas y valles.

Descripción
Mata de entre 30 y 180 cm de alto, con el tallo grueso y tieso, que culmina en una espiga floral, de pequeñas flores amarillas.

Recolección y conservación
Se recolectan las hojas y las flores, conservadas en frascos por separado, que tienen un agradable aroma ligeramente dulce.

Propiedades
Expectorante, antitusígeno, demulcente, balsámico, diurético, antialérgico y antiinflamatorio.

Indicaciones
Tos persistente e irritativa, catarro, afecciones respiratorias y alérgicas, amigdalitis, gripe, bronquitis, faringitis, asma, dolores reumáticos, hemorroides, problemas de la piel como eccemas, llagas, supuraciones y quemaduras, sabañones, caída del cabello, cuidado de las uñas.

Principios activos
Mucílagos, saponinas, flavonoides (verbascósido, hesperósido), glucósidos iridoides, taninos y aceite esencial.

Plantas con las que combina
Tomillo, romero, tusílago, llantén mayor, cola de caballo, oreja de oso.

Presentaciones
Infusión, decocción, tintura, jarabe para la tos, pastillas y gotas; y en uso externo, como aceite esencial, en baños y cataplasmas.

Precauciones
- La inflorescencia debe estar bien filtrada cuando se prepare en infusión, para evitar irritaciones y tos.

Bálsamo para la gripe

Las flores y hojas de este arbusto son muy adecuadas para plantar cara a la gripe y proporcionan alivio en caso de fatiga ocular.

Muchos son los inviernos en que las inevitables epidemias de gripe hacen estragos en la población, y se invierten muchos esfuerzos y dinero para paliar sus efectos. La gripe puede llevar consigo fiebres altas y debilidad general, lo que provoca un gran absentismo laboral y escolar. Las flores del saúco nos ofrecen una ayuda para combatirla sin necesidad de recurrir a los productos químicos o la vacunación. Tiene la virtud de favorecer la sudación, facilita la expulsión del moco y reduce la inflamación de las vías respiratorias. El saúco es útil también para superar los resfriados y tratar la bronquitis. Pero además resulta especialmente eficaz para aliviar la fatiga e irritación de ojos y los párpados inflamados, así como para aliviar en caso de conjuntivitis, lo que le convierte en un apoyo idóneo para estudiantes y trabajadores, que por su actividad se ven obligados a forzar la vista de manera continuada ante el ordenador.

Leyendas y tradiciones

Con las ramas huecas los antiguos griegos fabricaban un instrumento musical conocido como *sambuké*, de ahí proviene su denominación científica, *Sambucus*. Y los sajones se valían de los troncos desprovistos de sus médulas para encender fuego.

DATOS DE INTERÉS

Aspectos ecológicos
Crece sobre suelos húmedos, en espacios sombreados. Es originario de Europa y Asia.

Descripción
Arbusto de 2 a 7 metros de alto. Hojas opuestas, ovales. Flores blancas en umbela. Frutos esféricos, de color negro al madurar, que cuelgan en racimos.

Recolección y conservación
La corteza se recoge en primavera y se debe dejar secar al sol durante dos meses. Las hojas se recolectan en verano y se utilizan frescas. Las flores son cosechadas a finales de primavera y se conservan en tarros de cristal.

Propiedades
Diaforético, demulcente, diurético, calorífico, antirreumático, astringente, depurativo, laxante, purgante a dosis elevadas, cicatrizante, analgésico, hemostático y venotónico.

Indicaciones
Gripe, catarros, alergias respiratorias, infecciones oculares como conjuntivis, inflamación de párpados, glaucoma, cataratas, otitis.

Principios activos
Aceite esencial, flavonoides (rutósido), mucílagos, ácido ursólico, taninos, colina, glucósidos cianogénicos en la corteza, sambucósido en los frutos, vitamina C, azúcares, pectina y sales minerales.

Plantas con las que combina
Tomillo, gordolobo, malva, malvavisco, regaliz, liquen de Islandia, tusílago, pulmonaria, pino albar, manzanilla, tilo, rosal silvestre, eufrasia, diente de león, bardana.

Presentaciones
Infusión, tintura, jarabe, zumo de bayas, vino de saúco, pastillas y gotas.

Precauciones
- Comer bayas en exceso puede provocar vómitos.

REMEDIOS

CONTRA LA GRIPE

Tisana indicada para calmar la tos, reducir la fiebre y despejar los bronquios. Mezclamos y troceamos a partes iguales flor de saúco, gordolobo, brotes de pino albar y pulmonaria, junto con raíz de regaliz y malvavisco y liquen de Islandia. Ponemos 4 cucharadas del preparado en un litro de agua con 50 g de azúcar cande y lo dejamos hervir 5 minutos. Tras colarlo, podemos ingerirlo caliente. Se recomienda una taza cada 3 horas.

FATIGA VISUAL

Empleamos la flor del saúco junto a pétalos de rosas, eufrasia, manzanilla y ruda a partes iguales. Se mezclan y trocean las plantas y se disponen 2 cucharaditas de la mezcla por un vaso grande de agua. Se hierve 2 minutos y se mantiene en reposo otros diez. Se filtra y luego se aplica en compresas templadas sobre los párpados, con los ojos cerrados.

LAS BAYAS

Ricas en vitamina C y muy codiciadas por los pájaros del bosque, son laxantes y con ellas se elaboran licores, un vino muy apreciado, jarabes depurativos de las vías respiratorias, además de deliciosas mermeladas y confituras.

Expectorante natural

El malvavisco, muy rico en mucílagos, destaca por su virtud como expectorante y laxante natural, siendo eficaz contra la gripe y las diarreas.

El malvavisco o altea es una planta muy útil para depurar el organismo, sea de mucosidad en las vías respiratorias o de agentes infecciosos en el aparato digestivo y en el sistema urinario. Por ello constituye un bálsamo curativo muy completo para combatir los catarros, procesos gripales, inflamación de garganta y bronquitis, y al mismo tiempo para frenar los efectos de la gastritis, diarreas y para tratar las úlceras gastroduodenales.

Leyendas y tradiciones

Hay indicios de que alguna especie de malvavisco era utilizada como alimento cotidiano por los antiguos egipcios. Poblaciones campesinas de la actual Siria, Armenia y Grecia dependían del malvavisco para su subsistencia en épocas de carestía, cuando se perdían las cosechas. También era recolectado por los médicos árabes como un ingrediente básico de sus fórmulas contra diversos tipos de inflamaciones.

REMEDIOS

TISANA CONTRA LA GRIPE

Combinamos a partes iguales raíz de malvavisco, genciana y equinácea, sumidades floridas de ulmaria, y la mitad de flores de saúco y semillas de anís. Una cucharada sopera de la mezcla por taza se echa en un cazo de agua recién hervida. Se toman tres tazas diarias, tras las comidas.

DESPEJAR LA GARGANTA

Las gárgaras con malvavisco permiten eliminar la mucosidad en garganta y pecho. Maceramos durante media hora una cucharadita de raíz de malvavisco en agua. Lo calentamos luego, sin que llegue a hervir y se deja reposar diez minutos. A continuación procedemos a hacer gárgaras con el líquido filtrado, tres o cuatro veces al día.

TISANA LAXANTE

Mezclamos a partes iguales raíz de malvavisco, diente de león, poleo, frángula y zaragatona. Hervimos apenas 3 minutos una cucharada sopera de la mezcla por taza de agua. Se toman dos o tres tazas al día.

LAS HOJAS
Las hojas frescas del malvavisco se aprovechan crudas para incluir en ensaladas, con lo cual aportan su efecto depurativo.

DATOS DE INTERÉS

Aspectos ecológicos
Planta propia de espacios soleados, crece en praderas, márgenes de marismas y riberas fluviales, a veces sobre suelos algo salinos.

Descripción
Planta erecta de hasta un metro de alto, recubierta de pilosidad, hojas grandes y bellas flores rosadas o blancas.

Recolección y conservación
Las flores se cosechan desde finales de primavera, posteriormente se recolectan las hojas, y la raíz ya en otoño.

Propiedades
Expectorante, antitusígeno, antiinflamatorio, demulcente, laxante, digestivo, sedante.

Indicaciones
Resfriados, laringitis, bronquitis, gripe, gastritis, dolores de estómago, estreñimiento, diarreas, colitis, síndrome del colon irritable, infecciones urinarias, inflamaciones cutáneas de diverso tipo, quemaduras, hemorroides, gingivitis.

Principios activos
Mucílagos, flavonoides, pectina, ácidos fenólicos, aceite esencial en las flores, almidón en las hojas

Plantas con las que combina
Tomillo, gordolobo, malva, llantén mayor, saúco, manzanilla, regaliz, tusílago, abeto, drosera, polígala, genciana, frángula, hinojo, anís, poleo, diente de león, helenio, ulmaria, primavera, sauce blanco, liquen de Islandia y equinácea.

Presentaciones
Infusión, decocción, jarabe, extracto seco y fluido, pomadas, lociones y cremas.

Precauciones
- No administrar el aceite esencial a niños menores de seis años, durante el embarazo y la lactancia.
- Al preparar tisanas, no cargar las dosis de semillas, pues pueden tener efectos secundarios.

OTRAS PLANTAS RESPIRATORIAS

TUSÍLAGO *Tussilago farfara*

El mayor enemigo de la tos

Esta planta común en montes y prados, de tallos escamosos y flores doradas, es una de las más eficaces para luchar contra la tos. En efecto, el tusílago se ha revelado como excepcional expectorante natural para combatir esa tos persistente e irritativa que cuesta hacer desaparecer y ayuda a bajar la temperatura del cuerpo.

TISANA CONTRA LA TOS

La preparamos mezclando a partes iguales tusílago y otras hierbas igualmente expectorantes como brotes de abeto, culantrillo de pozo y eucalipto, más hinojo, como saborizante y digestivo. Combinamos una cucharada sopera de la mezcla por taza y lo hervimos 3 minutos. Se puede mejorar el sabor con una pizca de zumo de limón. Tres tomas diarias, después de las comidas, preferiblemente bien calientes.

Indicaciones: Catarros con tos irritativa, faringitis, laringitis, bronquitis, asma, espasmos estomacales.

Presentación: Jarabe para la tos, infusión, decocción, tintura, extracto seco y fluido.

Precauciones: Se debe evitar tomar durante largo tiempo por su alto contenido en alcaloides pirrolizinidos.

MARRUBIO *Marrubium vulgare*

Contra la tos infantil

Los niños en edad escolar están especialmente expuestos a contraer resfriados, que a veces degeneran en procesos gripales. El estrecho contacto con otros muchos niños y un horario de actividades en que se alternan las largas estancias en el interior de las aulas con el esparcimiento en espacios abiertos contribuye a la aparición de los resfriados. Y cuando un niño empieza a toser, fácilmente puede acabar encontrando eco en el resto de sus compañeros. Además de un remedio ideal para combatir la tos infantil, el marrubio es una notable planta digestiva, que contribuye a despertar el apetito en los niños desganados, y que es muy bien aceptado por éstos, en forma de jarabe, por su grato sabor.

BAÑO PARA LA TOS

Es un remedio ideal para los críos pequeños. Se hierven en 5 o 6 litros de agua 4 a 6 puñados de sumidades floridas de marrubio. Cuando arranca a hervir se retira del fuego y se vierte sobre el baño caliente, previamente preparado. Mantenemos al niño en el agua hasta que ésta empiece a enfriarse. Repitiendo esta operación durante dos o tres días, la tos ha de remitir. El jarabe de marrubio se prepara a partir del zumo de la planta fresca y añadiéndole azúcar o miel.

Indicaciones: Resfriados, gripe, bronquitis, asma, inapetencia, dolores estomacales, hipertensión arterial, edemas, sobrepeso por retención de líquidos.

Presentación: Jarabe, infusión, tintura, extracto seco y fluido, zumo de planta fresca, vino de marrubio.

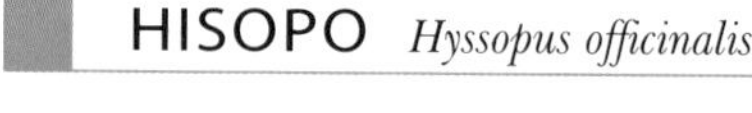

HISOPO *Hyssopus officinalis*

Contra el asma

Una de las dolencias respiratorias crónicas más graves y extendidas es el asma. Muchas veces deriva de alergias que se inician la infancia. Se manifiesta con un aumento en la producción de mucosidad y un estrechamiento de los conductos bronquiales, lo que dificulta enormemente una respiración normal. El asma debe ser tratada por especialistas, pero la naturaleza nos aporta una serie de plantas que pueden servir como complemento natural al tratamiento. Una de ellas es el hisopo, que suma a su virtud como digestivo, su eficacia para eliminar la mucosidad excesiva y como depurador de las vías respiratorias.

TINTURA PARA EL ASMA

Se mezcla 25 ml de tintura de hisopo, con la misma cantidad de tintura de manzanilla, ínula y tomillo, más 5 ml de extracto fluido de drosera y de regaliz. La dosis adecuada es de 10 ml disueltos en 100 ml de agua, a tomar dos veces al día, en ayunas.

Indicaciones: Asma, resfriados, gripe, bronquitis, rinitis, sinusitis, inapetencia, indigestiones, gases, cólicos.

Presentación: Infusión, jarabe, tintura, agua destilada de hisopo, pastillas y gotas, aceite esencial.

MALVA *Malva sylvestris*

Contra dolor de garganta

Esta bella planta, de flores liláceas, tan común en los márgenes de los caminos, se revela como un remedio natural de gran eficacia para eliminar las infecciones respiratorias, y en los pueblos se ha utilizado tradicionalmente para tratar los resfriados, la gripe, las irritaciones de garganta y pecho y como apoyo contra el asma.

REMEDIOS

TISANA EXPECTORANTE,

Mezclamos cantidades iguales de flor de malva, tomillo, mirto y pétalos de amapola y semillas hinojo. Hervimos –apenas 3 minutos– una cucharada sopera de la mezcla por taza de agua. Mejoramos el sabor con una rodaja de limón o una pizca de miel y lo ingerimos bien caliente, una taza después de las comidas principales.

Esta tisana resulta muy eficaz, pero también puede ser útil la que se describe en el apartado del eucalipto (pág. 73) y el jarabe contra la bronquitis citado en el epígrafe del llantén mayor (pág. 00).

Indicaciones: Resfriados, gripe, laringitis, faringitis, bronquitis, enfisema pulmonar, asma, problemas de la piel como granos, forúnculos, abscesos, picaduras de insectos, quemaduras, infecciones bucales, conjuntivitis, blefaritis.

Presentación: Infusión, decocción, pastillas, cataplasmas calientes.

PULMONARIA *Pulmonaria officinalis*

Desinfectante pulmonar

Catarros que al no tomar las medidas adecuadas degeneran en irritaciones de garganta, afonía y tos persistente e incluso dolorosa pueden ser aliviados con la pulmonaria. Esta planta, rica en mucílagos y alantoína, limpia los conductos respiratorios y previene la infección, proporcionando una sensación de alivio progresiva.

REMEDIOS

JARABE EXPECTORANTE

Para acabar con la tos insistente y limpiar las vías respiratorias. Mezclamos 10 gramos de hojas secas de pulmonaria y la misma cantidad de regaliz y tomillo, más 5 gramos de flores de primavera y semillas de anís verde. Lo vertemos en 750 ml de agua hirviendo. Dejamos reposar 10 minutos y lo filtramos. Añadimos 300 gramos de miel y volvemos a calentar para que ésta se funda. Una vez que la mezcla se ha enfriado, se vierte en un frasco de cristal translúcido y se sella con un tapón de corcho. Se toman dos o tres cucharaditas de postre, hasta 6 veces al día, mientras persista la tos.

Indicaciones: Infecciones respiratorias, faringitis, bronquitis crónica, resfriados, gripe, inflamaciones intestinales, diarreas, trastornos urinarios, picaduras de insectos.

Presentación: Jarabe, infusión, decocción.

LIMÓN *Citrus limonum*

Aliado contra las infecciones

El limón es sin duda uno de los recursos que tenemos más a mano para combatir diferentes dolencias muy frecuentes, empezando por los molestos catarros, con tos abundante. Pero además el limón, muy rico en vitamina C, es un magnífico medicamento preventivo, que impide que prosperen las infecciones en el aparato digestivo y respiratorio y evita la aparición de la fiebre. Por ello se incorpora en el tratamiento de muchas enfermedades crónicas.

REMEDIOS

ZUMO CONTRA LA INFLAMACIÓN DE LAS AMÍGDALAS

Machacamos un par de dientes de ajo y los vertemos en el jugo de limón caliente. Para disimular su intenso sabor, hay quien lo endulza con miel.

LIMÓN ESCALDADO

Tomamos medio limón, partido transversalmente, y pinchándolo con un tenedor lo mantenemos por la parte de la corteza sobre el fuego de un fogón, hasta que la parte superior espumee. Lo exprimimos sobre un vaso y añadimos una cucharada de postre de miel. Lo bebemos a sorbos pequeños, dos o tres veces al día.

Indicaciones: Resfriados, gripe, amigdalitis, anginas, bronquitis, convalecencias, inapetencia, indigestiones, acidez de estómago, diarreas, vómitos, trastornos circulatorios, disfunciones hepáticas, conjuntivitis, otitis, inflamaciones bucales, dolores reumáticos.

Presentación: Zumo, limonada, tintura, infusión, decocción, fruto crudo, aceite esencial.

Plantas para la piel

A causa de accidentes, o como resultado de inflamaciones e infecciones a menudo relacionados con el estrés y el estilo de vida, la piel manifiesta problemas de muy diversa índole. Muchas plantas aportan su eficacia como hidratantes, desinfectantes, cicatrizantes o emolientes, para asegurar el cuidado y recobrar la tersura de la piel.

Las ***heridas*** necesitan en primer lugar un buen lavado, y luego continua limpieza. Para estimular la cicatrización son buenas las plantas ricas en alantoína como la **consuelda**, cuyo nombre deriva de consolidar o soldar heridas. Otra planta muy eficaz es la ***centella*** *(Centella asiatica)*. Más simple es aplicar directamente sobre la herida hojas de **llantén**, que sin embargo han de ser antes lavadas y escaldadas brevemente para esterilizarlas. Este remedio funciona de maravilla, en especial si la herida sangra.

Quemaduras

Lo primero que se debe hacer ante una quemadura es reducir el dolor. En una primera instancia se pone agua fresca o una cataplasma húmeda encima para aliviar. Una aplicación con agua de azahar sería lo mejor. En una segunda fase es muy útil el gel de **aloe**, que, además de estimular la cicatrización, refresca la herida. También son efectivas las aplicaciones de leches hidratantes de **caléndula**. Cualquier quemadura importante debe consultarse con el médico, ya que si afecta las capas inferiores de la piel puede tener una evolución complicada.

Verrugas

En medicina ortodoxa se utiliza la resina de **podofilino**, que proviene de la planta *Podophyllum peltatum*. La mayoría de plantas que rezuman leche, o dicho de otro modo, las que tienen ***látex***, contienen componentes queratolíticos, los cuales disuelven la capa córnea de las verrugas, y se pueden aplicar una o dos veces al día. Sin duda la mejor de todas es la **celidonia**, que tiene la particularidad de presentar el látex amarillo, y de hecho en muchos lugares se la denomina *hierba verruguera*. El **ajo** también es útil, y basta con remojar una rodajita en vinagre unas cuantas horas y luego aplicarla sobre la verruga todas las noches con un esparadrapo. A los diez o quince días las verrugas pequeñas o de mediano tamaño se desprenden por sí solas.

Hongos

Son uno de los problemas más frecuentes y difíciles de eliminar de la piel. Su tratamiento es complicado, y sirven los preparados a base de aceites esenciales, que sin embargo deberán ser formulados por un especialista. No son convenientes las aplicaciones húmedas de plantas, ya que a los hongos les encanta la humedad y proliferan en ella.

Dermatitis

Una dermatitis es una inflamación de la piel en su sentido más amplio, que suele cursar con picor y molestia. El tratamiento inicial responde muy bien a plantas como la **caléndula** (aceite de caléndula, compresas de caléndula, cremas...). Si la dermatitis es húmeda, irán muy bien plantas astringentes como el agua de **hamamelis** aplicada en forma de compresas; y si tenemos lesiones de rascado, un excelente remedio son los preparados a base de gel de **aloe**.

Forúnculos

Un forúnculo simple es una glándula sebácea (de grasa) o un pelo que se ha infectado y produce un absceso, que se hincha y duele. Es muy frecuente en las axilas y en las ingles, y más cuando se depilan, ya que los pelos se pueden quedar enquistados. Se debe dejar madurar y que se abra, o abrirlo cuando ya está maduro, y no hay plantas por vía interna que nos faciliten eso. Sí pueden ser útiles los fomentos calientes, con arcilla y semillas de **fenogreco** molidas. Una vez abierto el forúnculo será necesario el uso de plantas antisépticas como el **tomillo** y cicatrizantes como las citadas **centella asiática** o **el aloe**.

FRAMBUESO
Sus sabrosas bayas son un gran aporte nutricional, y sus hojas combaten el picor y sanan las heridas.

CALÉNDULA *Calendula officinalis*

Una maravilla para la piel

Las bellas flores doradas de la caléndula o maravilla son uno de los remedios más útiles que brinda la naturaleza para curar afecciones muy diversas de la piel, como heridas, quemaduras, picaduras y contusiones.

Aquellas exposiciones prolongadas al sol en la playa o simplemente las que se producen cuando vamos de excursión por la montaña, suelen provocar quemaduras en la piel, que pueden resultar además de molestas, muy dolorosas, y a la larga, incluso peligrosas. Si hay una planta que destaca por su fuerza para aliviar las quemaduras –aunque leves– y otras irritaciones de la piel, ésta es la caléndula. Sus bellos pétalos dorados constituyen un excepcional remedio para curar las pieles inflamadas, actuando bien sobre úlceras, cortes, rasguños, arañazos, rojeces, callos, verrugas, forúnculos, pieles resecas, picaduras de insectos y medusas, acné y otras irritaciones cutáneas. La caléndula es la base de muchas de las cremas para después del sol que hallamos en el mercado y un buen recurso para incluir en los botiquines de montaña. También contribuye a sanar las encías infamadas y se recomienda para calmar los pezones doloridos o agrietados durante la lactancia.

Leyendas y tradiciones

El nombre deriva del vocablo latino *calendas*, primer día del mes, por cuanto esta planta florece prácticamente todos los meses del año, siempre que el invierno no se presente demasiado riguroso. Desde muy antiguo se conocen sus virtudes terapéuticas, y se sabe que ya Santa Hildegarda la recetaba contra los trastornos intestinales, problemas del hígado y contra las mordeduras de serpiente.

REMEDIOS

LOCIÓN CONTRA LAS QUEMADURAS

Mezclamos en cantidades de 20 gramos caléndula, hipérico, manzanilla y tomillo, y lo mantemos durante quince días disuelto en aceite de oliva, agitándolo de vez en cuando. Se aplica con la

DATOS DE INTERÉS

Aspectos ecológicos
Probablemente procedente de la planta silvestre, la caléndula se cultiva en huertos y jardines en las zonas templadas de todo el mundo.

Descripción
Planta de entre 30 y 70 cm de alto, con el tallo erecto y piloso, hojas alternas, y bellísimas flores anaranjadas, que se abren y cierran cada día al ritmo de la luz solar.

Recolección y conservación
Se recolectan las flores frescas y se conservan en tarros de cristal, herméticamente cerrados. Emana un aroma intenso, ligeramente amargo.

Propiedades
Antiinflamatoria, antiséptica, antibiótica, cicatrizante, desintoxicante, vulneraria, antiespasmódica, antiparásita, fungicida, antihemorrágica, desintoxicante, emenagoga.

Indicaciones
Irritaciones cutáneas, quemaduras leves, heridas, llagas, úlceras cutáneas, magulladuras, erupciones, acné, hongos, verrugas, inflamación de las encías, ojos inflamados, menstruaciones irregulares, infecciones vaginales, problemas digestivos, gastritis, úlceras de estómago y duodeno, colitis, indigestiones, disfunciones del hígado, ictericia.

Principios activos
Aceite esencial, flavonoides, saponinas, esteroles, resinas, mucílagos, glucósidos amargos como la calendina, taninos polisacáridos.

Plantas con las que combina
Hamamelis, cola de caballo, árbol del té, tomillo, clavo, boldo, genciana, angélica, nogal, harpagofito, eufrasia, cachorrera menor, cardo mariano, bardana, salvia, manzanilla, hipérico, llantén, malvavisco, menta, anís y salicaria.

Presentaciones
Infusión, decocción, jugo de planta fresca, pomadas, ungüentos, lociones, talco de caléndula, tintura, agua destilada y aceite esencial.

Precauciones
- Debe ser evitada por las embarazadas y durante la lactancia.
- La planta fresca puede producir irritaciones por contacto.

ayuda de una gasa sobre las áreas quemadas, dando suaves friegas.

TINTURA CONTRA LA IRRITACIÓN DE LA PIEL

Mantenemos en maceración, durante una semana, 100 g de pétalos de caléndula en medio litro de alcohol, para luego, con la ayuda de un algodón, extender sobre las áreas de piel dañada. Las hojas de caléndula también pueden ser un remedio muy oportuno cuando nos herimos en el monte. Bastaría con aplicar unas hojas de esta planta y mantenerlas apretadas sobre la zona dañada. También funcionan sobre las durezas y callos en los pies.

COMPRESAS CONTRA IRRITACIONES Y LLAGAS

Mezclamos a partes iguales caléndula, cola de caballo y flor de nogal –que contiene yodo y tanino reforzante de la piel–. Hervimos durante 10 minutos una cucharada sopera de la mezcla por 1/4 de litro de agua. Colamos y tras empapar unas compresas, las aplicamos, a temperatura agradable para el cuerpo, sobre la piel irritada. Si se trata de una llaga, es preferible regar con un porrón, ya que ello ayudará a estimular la circulación de la sangre.

INFUSIÓN CONTRA LOS DOLORES MENSTRUALES

Remedio adecuado para regular el periodo. Basta con hervir durante 3 minutos una cucharada sopera de flores de caléndula por taza de agua. Deberemos tomar una al día a ser posible antes de alguna de nuestras comidas, y desde quince días antes de la menstruación.

GASTRITIS Y COLITIS

Se combina con salicaria, cola de caballo y corteza de encina, más anís verde para eliminar los gases. Hervimos una cucharada sopera de la mezcla por medio litro de agua y lo dejamos reposar unos 10 minutos. Tras colarlo, podemos ingerir unos sorbos cada vez que hemos de ir a evacuar.

FLOR COMESTIBLE
Los pétalos de la caléndula, planta que florece todo el año, pueden añadirse a las ensaladas.

La gran amiga de la piel

La cola de caballo es un gran aliado de la piel, que a sus usos cosméticos añade su eficacia para cortar hemorragias y cicatrizar heridas. Es muy útil ante una amplia gama de dolencias, desde eccemas a herpes y hongos.

El gran secreto de la cola de caballo es su excepcional contenido en sílice, sustancia que se asocia a los procesos de crecimiento, y que está presente tanto en los pulmones, cerebro, hígado y músculos, como también en las uñas, pelo, piel y tejido conjuntivo. Gracias a esta riqueza en sílice y al potasio, se revela como un excelente diurético, indicado en afecciones renales e inflamaciones de la vejiga urinaria y de la próstata, y para personas con necesidad de aumentar la emisión de orina, como ayuda para perder peso y en casos de hipertensión y piedras en el riñón. Al limpiar las vías urinarias, la cola de caballo depura la sangre y a la larga reduce las enfermedades de la piel. Por ello es una enemiga declarada de eccemas y herpes, así como de los fastidiosos hongos de la piel. También es un remedio ideal en la prevención y reparación de las estrías, contribuyendo a frenar el envejecimiento de la piel. Su efecto es doble, ya que por un lado estimula y por otro repara aquellos tejidos dañados a causa de variaciones de peso, celulitis, embarazos y desequilibrio hormonal.

Leyendas y tradiciones

Hace 400 millones de años, en el periodo Paleozoico, la cola de caballo formaba por sí sola densos bosques. El

DATOS DE INTERÉS

Aspectos ecológicos
Prospera sobre suelos arcillosos, en terrenos húmedos, nunca muy lejos del agua, desde márgenes de ríos y arroyos a campos encharcados y en torno a pastizales.

Descripción
Planta perenne, de tallo fértil –invierno–, pardusco, culminado en una espiga de esporas. Tallo estéril –verano–, de color verde estriado y con nudos circulares de los que surgen frágiles ramitas segmentadas.

Recolección y conservación
Tallos y hojas se recolectan a finales de verano, se secan a la sombra, en manojos colgados y se suelen conservar en bolsitas selladas. Exhalan un agradable aroma que recuerda a la manzanilla.

Propiedades
Antihemorrágica, cicatrizante, antifúngica, colágena, diurética, astringente, remineralizante.

Indicaciones
Heridas sangrantes, hemorragias nasales, erupciones y úlceras cutáneas, inflamaciones bucales, conjuntivitis, faringitis, torceduras, fracturas, osteoporosis, artrosis, hemorroides, varices, dolores menstruales, trastornos urinarios como cistitis, uretritis y problemas de próstata, edemas, hipertensión arterial, piedras en los riñones.

Principios activos
Saponósidos (equisetonina), taninos, flavonoides, alcaloides, sales minerales –sobre todo sílice y potasio–, vitamina C.

Plantas con las que combina
Calaguala, bardana, saponaria, zarzaparrilla, oreja de oso, nogal, lavanda, manzanilla, tomillo, caléndula, milenrama, ulmaria. harpagofito, consuelda, zarzamora, bolsa de pastor, ciprés, anís, linaza, aceite de oliva.

Presentaciones
Infusión, decocción, jarabe, jugo de planta fresca, cremas, lociones, lavativas, extractos secos y fluidos, polvos, cápsulas.

Precauciones
- Evitar si existen irritaciones de las mucosas gástricas.
- No es recomendable su consumo por embarazadas, ni durante el periodo de lactancia.

nombre de equiseto procede del latín y hace referencia a su semblanza con las crines de los caballos. Su poder como sanador de heridas ya era conocido en la antigua Grecia y se cuenta que Galeno la hacía servir para curar los tendones doloridos.

REMEDIOS

INFUSIÓN CONTRA LOS HONGOS

Fórmula depurativa ideal para tratar también los eccemas, herpes y manchas de la piel. Trituramos y mezclamos a partes iguales las siguientes plantas: cola de caballo, calaguala, bardana, saponaria y zarzaparrilla. Se calcula una cucharada sopera de este preparado por taza de agua. Una vez arranca a hervir, se echa la mezcla y se mantiene en reposo, tapada, durante 10 minutos. Hay que tomar una taza en ayunas y la otra justo antes de acostarse.

BAÑOS CICATRIZANTES

Mezclamos en cantidades de 20 gramos cola de caballo, caléndula, milenrama, rabo de gato y consuelda. Se vierte la mezcla en agua hirviendo, en una proporción de 50 gramos por litro, y tras dejarla al fuego no más de 10 minutos, se filtra y se aplica el líquido en baño sobre las zonas afectadas, repitiendo la operación hasta cuatro veces al día.

MASAJES ANTIESTRÍAS

Se mezclan 150 gramos de cola de caballo, 10 gramos de laminaria, 25 gramos de rosas, 1 gramo de hamamelis y 10 gotas de zumo de limón. Se macera en un litro y medio de alcohol de 40° durante 28 días. Una vez filtrado, se diluye una parte del preparado en agua y se aplica el masaje sobre el área afectada dos veces al día.

Para atajar las hemorragias nasales utilizaremos unas compresas empapadas con seis cucharadas de postre de cola de caballo hervida, a las que habremos añadido vinagre y sal. Aplicaremos sobre la nariz, inclinando la cabeza hacia atrás.

DIENTE DE LEÓN *Taraxacum officinale*

Protector del riñón y de la piel

El diente de león ejerce un poderoso efecto diurético, con el que acelera la eliminación de toxinas y combate las impurezas de la piel.

DATOS DE INTERÉS

Aspectos ecológicos
Planta muy extendida, que habita en una gran diversidad de terrenos, como prados, pastizales y márgenes de bosques.

Descripción
Planta vivaz, erecta, hojas basales, dentadas y bellas flores doradas, en capítulos.

Recolección y conservación
Se aprovechan las raíces, las hojas y las flores. La recolección de la raíz suele hacerse en otoño y a finales de invierno.

Propiedades
Diurético, depurativo, desintoxicante, tónico digestivo, colerético, ligeramente laxante.

Indicaciones
Disfunciones hepáticas y de la vesícula, trastornos renales y urinarios, infección de la vejiga y la uretra, piedras en el riñón, estreñimiento, gota, edemas, retención de líquidos, hipertensión arterial, artrosis, irritaciones cutáneas, eccemas, forúnculos, herpes, acné, psoriasis.

Principios activos
Inulina, ácidos fenólicos, sales minerales (potásicas), taraxacósido (raíz), principios amargos, mucílagos, esteroles, flavonoides, cumarinas, vitaminas B y C.

Plantas con las que combina
Hamamelis, paciencia, bardana, regaliz, zarzaparrilla, manzanilla, romero, melisa, menta, frángula, caléndula, cola de caballo, cardo mariano, alcachofera, achicoria, naranjo, jengibre, hinojo y perejil.

Presentaciones
Jugo fresco de raíz, vino de diente de león, infusión, decocción, tintura, extracto seco y fluido.

Precauciones
- Puede provocar molestias intestinales y acidez.

Esta hierba de flores amarillas, que nos es tan familiar aportando su color dorado a prados y cunetas en primavera, atesora grandes posibilidades curativas. Es una planta especialmente indicada para purificar el organismo de aquellos agentes tóxicos que pueden dañar la salud. Actúa en el hígado y en la vesícula, evitando la formación de piedras, e incluso ayudando a disolverlas, e incide ante todo sobre el riñón, facilitando la eliminación de toxinas a través de la orina. En uso externo se muestra muy eficaz para depurar también las impurezas de la piel, desde el acné y los eccemas, a urticarias, herpes, forúnculos y psoriasis.

Leyendas y tradiciones

El término genérico *Taraxacum* deriva del vocablo griego *taraxis*, sanador de molestias. En Francia se elaboran bocadillos con las hojas tiernas, más mantequilla y sal, Los brotes se han utilizado como ingrediente en cremas de verduras. Y las raíces, torrefactadas, como sustituto del café.

REMEDIOS

DECOCCIÓN CONTRA GRANOS Y FORÚNCULOS
Vertemos 10 gramos de diente de león y 5 de bardana en 750 ml de agua, y lo mantenemos a fuego lento durante 8 minutos. Se cuela y se deja reposar diez minutos más. Se recomiendan tres dosis diarias.

INFUSIÓN DEPURATIVA
Remedio apto para la expulsión de toxinas, como protector del hígado y la vesícula. Hervimos 10 gramos de hojas o raíz de diente de león por taza de agua, colamos y tomamos tres dosis al día, después de las comidas.

INFUSIÓN COLERÉTICA
Ideal para contribuir a la disolución de la piedras de la vesícula. Mezclamos 20 gramos de raíz de diente de león, con la misma cantidad de raíz de perejil y sumidades de melisa, juntamente con la mitad de raíz de jengibre. Hervimos una cucharada sopera de la mezcla por taza y lo tomamos cada dos o tres horas a pequeños sorbos.

Aliado de tu piel

Hay pocos remedios tan efectivos como el aloe para rejuvenecer la piel, frenar el avance de las arrugas y curar problemas dermatológicos.

Las hojas del aloe exudan un líquido graso, o gel, que tiene un gran poder regenerador de las pieles dañadas y que sirve de capa protectora contra rasguños, arañazos, rojeces y quemaduras. Por su acción hidratante, consigue dar vitalidad a las pieles resecas, tensa el cutis y contribuye a reducir los focos de grasa, siendo un enemigo declarado del acné. Previene o elimina las estrías, sobre todo después de una pérdida de peso como la sufrida tras el embarazo. Limpia y revitaliza el cabello, evitando su caída. El aloe es un ingrediente básico en cosmética, que a sus posibilidades estéticas suma un enorme potencial curativo.

Leyendas

Según se desprende de los jeroglíficos, los egipcios ya utilizaron el aloe hace miles de años por sus virtudes terapéuticas y cosméticas. Se dice que hasta la propia Cleopatra lo utilizaba con predilección. Y que Alejandro Magno se apoderó de la isla de Socotra para asegurarse la provisión de esta planta, que le servía para lavar las heridas de sus soldados.

REMEDIOS

GEL CONTRA LAS ESTRÍAS

Indicado para las mujeres después del embarazo. Partimos las hojas de aloe en trozos de 5 cm en los que practicamos una incisión para que brote el gel, que posteriormente guardaremos en un recipiente cerrado. Se aconseja efectuar cada día, después del baño, suaves masajes y repetidos con este gel sobre las zonas susceptibles de padecer estrías.

GEL PARA EL CABELLO

Para reparar cabellos dañados friccionamos el cuero cabelludo con gel de aloe y dejamos que actúe durante 10 minutos. A continuación aclaramos.

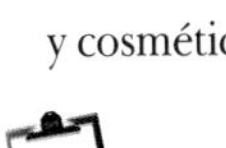

DATOS DE INTERÉS

Aspectos ecológicos
Existen varias especies de aloes. *A. vera* procede del este y sur de Africa, y *A. barbadensis*, de América Central y del Sur. Ambas son propias de ambientes secos y soleados, con escasez de lluvias.

Descripción
Planta perenne, de hasta un metro de alto, con las hojas alargadas, basales, flores rojas o amarillas, agrupadas en racimos.

Recolección y conservación
Se aprovecha el llamado acíbar, la sustancia grasa que se obtiene al efectuar una incisión en las hojas, y que se somete a un proceso de desecado. La planta exuda también una sustancia amarilla, que se denomina áloe amargo, y que es el utilizado en herboristería contra el estreñimiento.

Propiedades
Emoliente, cicatrizante, coagulante, hidratante, antialérgico, desinfectante, antiinflamatorio, astringente, colerético, laxante.

Indicaciones
Arrugas, sequedad de piel, manchas en la piel, irritaciones cutáneas, quemaduras, acné, eccemas, verrugas, psoriasis, torceduras, esguinces, dolores reumáticos, artritis, úlceras bucales, gastritis, úlceras gastroduodenales, síndrome del colon irritable, flatulencias.

Principios activos
En el jugo de las hojas (acíbar), aloínas, aloerresinas, azúcares, taninos, saponinas, lignina, sales minerales, aminoácidos como la lisina y la arginina, vitaminas, ácido fólico, colina. Mucílagos.

Plantas con las que combina
Llantén mayor, malvavisco, malva, avena, rosal, aceite de onagra, borraja, caléndula, cola de caballo.

Presentaciones
Zumo de las hojas, la pulpa cruda, polvos, tintura, té de aloe, extracto seco y fluido, gel de baño, champú, colirios, loción hidratante

Precauciones
• Evitar durante los periodos de embarazo y lactancia. No deben ingerirlo niños menores de seis años.

OTRAS PLANTAS PARA LA PIEL

HAMAMELIS *Hammamelis virginiana*

Elimina la inflamación

Este pequeño árbol, conocido como avellano de bruja en la denominación inglesa, ya era muy venerado por los pueblos nativos de Norteamérica, que utilizaban su corteza para elaborar cataplasmas con los que sanar las inflamaciones en la piel y frenar las hemorragias. La riqueza en taninos y flavonoides de la corteza le confiere un poderoso efecto astringente y hemostático, aumentando la elasticidad de las venas y actuando como protector de los capilares, por lo que resulta muy útil para aplicar sobre sarpullidos, eccemas, hinchazones y magulladuras, así como para tratar varices, flebitis y hemorroides.

REMEDIOS

TORCEDURAS Y MAGULLADURAS

Se prepara con 25 gramos de corteza de hamamelis troceada. Se hierve a fuego lento durante 10 minutos. Se cuela y se deja reposar 10 minutos más. A continuación se sumerge un paño en la decocción, se escurre y se aplica en caliente, presionando un poco sobre el área dañada, repitiendo la operación las veces que haga falta, obteniéndose un efecto reparador.

Indicaciones: Pieles delicadas, inflamaciones, úlceras y tumores en la piel, picaduras de insectos, torceduras, varices, flebitis, hemorroides, venas dañadas, vulvovagintis, conjuntivitis.

Presentación: Infusión, tintura, extractos seco y fluido, pomada, loción, agua destilada de hamamelis.

ZARZAPARRILLA *Smilax aspera*

Contra el acné

Esta hierba trepadora, muy frecuente en setos y matorrales, se muestra como un remedio natural muy eficaz para depurar el organismo de toxinas. Los adolescentes encontrarán en ella una ayuda inestimable para acabar con el molesto acné, pero en general actúa bien contra casi todo tipo de afecciones de la piel, como pruritos, úlceras, granos y eccemas. La zarzaparrilla es además un buen diurético y un laxante suave, que se aconseja en afecciones urinarias y para personas con problemas para eliminar la orina.

REMEDIOS

TISANA DEPURATIVA

Indicada para eliminar las impurezas de la piel, la preparamos mezclando 20 gramos de raíz de zarzaparrilla, la misma cantidad de raíz de bardana y achicoria, más la mitad de regaliz y diente de león. Hervimos una cucharada sopera rasa de la mezcla por vaso de agua y tomamos dos tazas diarias, al menos la primera en ayunas.

Indicaciones: Afecciones de la piel, como acné, eccemas, psoriasis, reumatismo articular, diferentes trastornos urinarios como cistitis, uretritis y ureteritis, gota, hipertensión arterial, gripe, resfriados, asma.

Presentación: Tintura, decocción, extractos fluido y seco, polvos.

CENTELLA ASIÁTICA *Hydrocotile asiatica*

Enemiga de las llagas

Esta planta originaria de la India, muy utilizada en la medicina ayurvédica, es una hierba tónica y depuradora, con un potente efecto astringente, muy adecuada para reducir la infección, que puede ser de gran utilidad tanto para la gente del campo como para excursionistas y deportistas, propensos a sufrir heridas en la piel, como arañazos, rasguños, magulladuras, quemaduras o picaduras.

REMEDIOS

POMADA PARA LLAGAS

Se utiliza el polvo de hidrocotile o centella, mezclado en agua para que se forme una pasta espesa. La extendemos, en suaves fricciones, sobre el área dañada, y obtendremos una reparación progresiva.

Indicaciones: Infecciones en la piel, úlceras cutáneas, eccemas, psoriasis, llagas, tratamiento contra la lepra, inflamaciones bucales y corneales, conjuntivitis, inflamación de los párpados, faringitis, vulvovaginitis, dolores reumáticos, artritis reumatoide, mala circulación sanguínea, ansiedad, depresión nerviosa.

Presentación: Infusión, tintura, extractos seco y fluido, polvos, cataplasmas de hojas frescas, aceite esencial.

AMOR DE HORTELANO *Galium aparine*

Desintoxicante natural

Esta planta modesta, que crece en los bordes de los caminos, es un excelente desintoxicante natural, que se ha usado para tratar diferentes enfermedades de la piel como la psoriasis y la seborrea, y que por su efecto diurético se ha recomendado también para problemas renales y urinarios. Antiguamente se la consideraba un aliado muy eficaz para combatir los casos de escorbuto.

REMEDIOS

INFUSIÓN DIURÉTICA

Una cucharada sopera rasa de sumidades por taza de agua. Se calienta a fuego lento durante 3 o 4 minutos, se echa la planta y se deja reposar 10 minutos, tras lo cual se cuela. Puede beberse a lo largo del día, en pequeñas dosis. Tiene un claro efecto diurético y es útil para eliminar las toxinas.

Indicaciones: Dermatitis, irritaciones cutáneas, psoriasis, seborrea, eccemas, cálculos renales, infecciones genitourinarias, cistitis, gota, espasmos gastrointestinales, inapetencia, complemento en el tratamiento contra el cáncer.

Presentación: Infusión, tintura, extracto fluido.

FRAMBUESO *Rubus idaeus*

Vigorizante sexual

De este arbusto espinoso conocemos muy bien sus rojos y granulosos frutos, las frambuesas. Estas bayas, además de nutritivas, son también astringentes, una virtud que comparten con las hojas y que las hace ideales para combatir diarreas persistentes. El frambueso se aplica en uso externo para aliviar diferentes dolencias de la piel, como heridas y quemaduras, así como las llagas en la boca. También se le atribuye capacidad para relajar los órganos reproductores y aumentar el apetito sexual.

REMEDIOS

APETITO SEXUAL

Mezclar 40 gramos de hojas secas de frambueso, con 20 g de ortiga mayor, 15 de romero y la misma cantidad de guaraná *Paullinia cupana*, más una pizca de menta. Vertemos 2 cucharaditas de la mezcla en 250 ml de agua hirviendo, colamos y dejamos reposar diez minutos. Se recomiendan tres vasos al día.

Indicaciones: Irritaciones cutáneas, dermatitis, úlceras bucales y corneales, conjuntivitis, vulvovaginitis, diarreas, infecciones de la vejiga.

Presentación: Infusión, decocción, tintura, extractos secos y fluido, jarabe, mermeladas, compotas, vino de frambueso.

BORRAJA *Borago officinalis*

Contra las hinchazones y picaduras

Esta planta tan común, de flores azuladas y hojas vellosas, oculta un enorme potencial curativo. Sus semillas son muy ricas en ácidos grasos poliinsaturados, como el ácido linoleico y el gamma-linolénico, precursores de las prostaglandinas, unas sustancias responsables de numerosas funciones metabólicas necesarias para el desarrollo del sistema nervioso, el equilibrio hormonal y para regular los procesos de coagulación de la sangre, entre otras funciones. Por todo ello resulta una planta ideal para combatir los dolores menstruales y reumáticos, y para tratar muy diversas afecciones de la piel.

REMEDIOS

CATAPLASMAS

Sirven contra las hinchazones y para ablandar los forúnculos de la piel. Se preparan escaldando hojas de borraja. Con el agua bien caliente untamos las gasas y las aplicamos inmediatamente sobre las pieles dañadas.

Para tratar afecciones cutáneas y trastornos menstruales son muy útiles las perlas de aceite de borraja, de las que se pueden tomar tres o cuatro diarias, preferentemente antes de las comidas.

Indicaciones: Impurezas, irritaciones y úlceras de la piel, hinchazones, rasguños, quemaduras, urticarias, ictericia, resfriados, bronquitis, gripe, hipertensión arterial, edemas, retención de líquidos, infecciones genitourinarias como la cistitis y la uretritis, dolores menstruales, menstruaciones irregulares.

Presentación: Infusión, tintura, extracto fluido y seco, cataplasmas, perlas de aceite, planta cruda.

Problemas reumáticos

Desde el dolor en las articulaciones, dolor de espalda, lumbago, reúma, gota y problemas de osteoporosis, a dolencias más puntuales como tirones musculares, torceduras y fracturas pueden ser combatidas con la ayuda de determinadas plantas medicinales. algunas de las cuales son la base de muchos medicamentos.

A nivel asistencial, los problemas artrósicos son de los que mayor incidencia tienen en el gasto farmacéutico dentro del grupo de la tercera edad, pero ese uso importante de fármacos para calmar el dolor también presenta efectos secundarios: acidez, úlceras de estómago, sobrecargas del hígado. La fitoterapia puede ofrecer alternativas, que en gran parte de las ocasiones no son tan potentes como las medicaciones de síntesis, pero mucho más inocuas y que pueden tomarse durante periodos relativamente largos de tiempo.

Muchos fármacos antiinflamatorios se descubrieron en las plantas. Los salicilatos, de cuyo nombre deriva el ácido acetilsalicílico, son sustancias presentes en el género *Salix* (sauces de diversos tipos), pero también en los fresnos y los abedules. El mismo término de «aspirina», deriva de la **ulmaria** *(Spiraea ulmaria)*, significando «pequeña spiraea». El tratamiento fitoterápico tiene un nuevo avance con el descubrimiento del **harpagofito**, una planta nativa del desierto del Kalahari que ha demostrado efectividad en los procesos reumáticos crónicos, si se tiene la paciencia de tomarla unos cuantos días, y con la ventaja de que no sólo no perjudica al estómago, sino que además parece proteger la función del hígado y de la vesícula.

Artritis

La artritis es la inflamación aguda de las articulaciones. En caso de crisis aguda puede ser útil la aplicación de tintura de **árnica** sobre las articulaciones dolorosas. El tratamiento de fondo ha de estimular el sistema inmunitario, con plantas como la **equinácea** y el **helicriso** *(Helicrysum italicum)*. También se ha demostrado útil el apoyo de ácidos grasos omega-6 como los aceites de **borraja** y de **onagra**. Pero el tratamiento de estos trastornos es muy difícil, tanto en fitoterapia como en la medicación ortodoxa.

Artrosis

La artrosis comporta una degeneración de los huesos, un envejecimiento, producido por muchos factores, como déficits de calcificación, sobrecargas localizadas, etc. Es muy frecuente la localización en las columnas cervical y lumbar especialmente, en las rodillas y en las caderas. Básicamente, todas aquellas articulaciones que soportan un mayor peso se pueden ver afectadas. La artrosis es un problema crónico, aunque presenta exacerbaciones dolorosas e inflamatorias de manera periódica. Las plantas como el **harpagofito** pueden ser de utilidad como tratamiento de fondo para aquellos casos en los que existe un dolor constante pero no muy intenso. Se puede combinar con una tisana que incluya plantas como **ulmaria, abedul** y **romero.**

Gota

El ácido úrico se forma en el organismo cuando se acumulan muchas purinas, presentes sobre todo en las carnes, pescado azul y mariscos y menos en otros alimentos como carnes blancas y legumbres. La primera medida a tomar es sin duda la de beber mucho líquido, porque el ácido úrico se acumula porque no se elimina de forma eficiente por la orina. El tratamiento de la gota tiene dos fases, la de prevención, con plantas como **abedul**, **apio**, raíz de **fresa** o **grosellero negro**; y la de la crisis aguda, que generalmente se hace con colchicina, extraída del **cólquico** *(Colchicum autumnale)*. Como se trata de una planta venenosa, se recomienda tomarla en pastillas que tienen el fármaco estandarizado en dosis muy bien controladas.

Contusiones

Las contusiones se deben tratar con medidas conservadoras, es decir, con reposo y vendaje, y con la administración de plantas con acción antiinflamatoria. La tintura de **árnica** o el alcohol de **romero** son remedios imprescindibles, ya que la primera tiene una acción resolutiva sobre la inflamación y el posible derrame, mientras que el segundo ejerce una neta acción antiinflamatoria.

SAUCE BLANCO
La corteza de este bello árbol de ribera contiene ácido salicílico, un gran remedio contra el dolor.

HARPAGOFITO *Harpagophytum procumbens*

Poderoso analgésico

Dolor en las articulaciones, torceduras y esguinces pueden ser aliviados con la ayuda de esta planta de los desiertos del sur de África.

Una de las más frecuentes manifestaciones de lo que vulgarmente llamamos achaques de la edad es el dolor en las articulaciones. Como ocurre con el dolor de espalda, es un problema que en algunos casos aparece ya antes de los cuarenta, y que puede agravarse con el paso de los años. Muchas personas se resignan a convivir con él, como una dolencia inevitable pero llevadera, pero lo cierto es que puede ser combatida. El tubérculo de una planta africana, el harpagofito, nos aporta todo su poder analgésico para aplacar los dolores artríticos y reumáticos, y resulta ideal para aliviar todo tipo de traumatismos y tirones musculares. Estamos ante un eficaz remedio antiinflamatorio, que tiene la ventaja añadida de no irritar el sistema digestivo. Su poder antiespasmódico contribuye a eliminar los calambres musculares. Se le atribuye también la capacidad de regular el nivel del colesterol y su contenido en sustancias amargas hacen de él un eficaz tonificante del aparato digestivo, que ayuda a la mejor absorción de los nutrientes y estimula el buen funcionamiento del hígado y la vesícula.

UNA LUZ PÚRPURA
Las flores del harpagofito aportan en primavera una nota de color a los arenales y herbazales del Transvaal sudafricano, de donde proceden.

Leyendas y tradiciones

Es una planta muy apreciada y utilizada por los nativos de la zona como remedio infalible para sanar heridas, eliminar los dolores artríticos, las fiebres altas e incluso en problemas de digestión. Pero estos mismos nativos la han bautizado con el nombre de *garra del diablo*, ya que las espinas que presenta la planta en sus partes aéreas suelen provocar terribles heridas en las patas de sus reses, cuando éstas pastan libres en los herbazales.

REMEDIOS

DECOCCIÓN MÁGICA

Remedio indicado para la artritis reumática, pero también válido para casos de psoriasis, dermatosis y erupciones de la piel. Se mezcla harpagofito, por su capacidad como calmante, con una planta considerada como un gran depurativo, la calaguala. Echamos en un litro de agua una cucharada de raíz de calaguala y 2 estrellas de anís –que nos ayudarán a evitar los gases–, y tras hervirlo durante cinco minutos, añadimos una cucharada de tubérculo de harpagofito. Lo dejamos reposar durante toda la noche y lo consumimos tres veces al día, antes de las comidas.

DOLORES MUSCULARES

Vertemos una cucharada sopera de harpagofito en medio litro de agua hirviendo. Lo dejamos reposar durante toda la noche y tomamos, como infusión, una taza antes de cada una de las tres comidas del día. Para combatir el amargor, hay quien le añade unas gotas de limón o, mejor aún, de miel. A los pocos días habremos tenido que experimentar un notable alivio. Debemos consumirlo durante dos meses seguidos, descansando 21 días y volviendo a ingerirlo dos meses más.

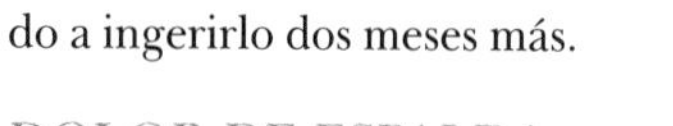

DOLOR DE ESPALDA

Dolor en la espalda provocado por la inflamación de las articulaciones. Mezclamos a partes iguales 20 gramos de rizoma de harpagofito, corteza de sauce blanco –contiene ácido salicílico– y corteza de viburno y lo hervimos en 750 ml de agua. Tras colar y mantener en reposo diez minutos, podemos tomar dos o tres dosis diarias, en función de la intensidad del dolor. A la semana de haber iniciado el tratamiento se debe empezar a experimentar un alivio importante.

DATOS DE INTERÉS

Aspectos ecológicos
Procede del desierto del Kalahari y de los herbazales del Transvaal, en el extremo sur del continente africano, y crece sobre suelos arenosos y en áreas donde se ha despejado la vegetación original.

Descripción
Es una planta rastrera, de apenas metro y medio de largo, con las hojas duras y carnosas, bellas flores púrpuras y frutos duros y espinosos.

Recolección y conservación
Se cosecha sólo su enorme tubérculo ocráceo, que una vez seco, se tritura en trozos pequeños, que desprenden un intenso aroma amargo.

Propiedades
Antiinflamatorio, analgésico, antiespasmódico, febrífugo, hipoglucemiante, estimulante digestivo, colagogo.

Indicaciones
Artritis –dolor en las articulaciones–, reumatismo, traumatismos, artrosis, dolores musculares, dolor de espalda, inapetencia, anorexia, disfunciones del hígado y la vesícula biliar, espasmos gastrointestinales, gota, problemas de próstata.

Principios activos
Glucósidos amargos (harpagósido, harpágido, procúmbido), harpagoquinona, glucósidos fenólicos, fitosteroles, azúcares.

Plantas con las que combina
Viburno, sauce blanco, caléndula, cola de caballo, apio, ulmaria, rabo de gato, calaguala, jengibre, anís, limón, pasiflora, avena y kava-kava.

Presentaciones
Infusión, cocimiento, tintura, pastillas contra el reumatismo, polvos y extracto fluido.

Precauciones
- Se recomienda evitarlo si se padece de úlcera de estómago, úlceras gastroduodenales o colon irritable.
- Evitar durante el embarazo y la lactancia, y no administrar a niños menores de dos años.

ULMARIA *Filipendula ulmaria*

Baza contra el reúma

La bella ulmaria o reina de los prados es una planta digestiva, que reduce la acidez de estómago y alivia el dolor en las articulaciones.

Esta planta contiene un principio activo similar al ácido acetil-salicílico, que es el salicilato de metilo. Por efecto de estos salicilatos, la ulmaria se revela como un excepcional remedio analgésico y antiinflamatorio, con una acción semejante a la que puede ofrecer la aspirina. Resulta por tanto muy útil para aliviar todo tipo de inflamaciones, en especial las de origen reumático, para problemas en las articulaciones, artritis úrica –ataques de gota– y dolencias diversas como lumbago, tortícolis, ciáticas, neuralgias y dolores de espalda. Es también astringente, diurética y depurativa, contribuyendo a eliminar los excesos de ácido úrico, facilitando su excreción por el riñón y depurando la sangre de estas sustancias.

Leyendas y tradiciones

Ya era considerada una planta sagrada por los druidas centroeuropeos, y se decía de ella que su propia fragancia conseguía alegrar el corazón y avivar los sentidos. El nombre específico y común de ulmaria hace alusión a la forma de sus hojas, que recuerdan a las del olmo.

REMEDIOS

PARA LAS ARTICULACIONES

Para aliviar el dolor de articulaciones basta con aplicar una compresa empapada con 25 ml de tintura de ulmaria sobre la zona afectada y repetir la operación, en caliente, hasta que las molestias empiecen a remitir.

INFUSIÓN PARA LA ACIDEZ

Para nivelar el ácido úrico y combatir la acidez. Mezclamos el contenido de una cucharada de postre por vaso de agua de cada una de las siguientes plantas: ulmaria, calaguala, grosellero negro, sauce blanco y harpagofito. Los hervimos apenas un minuto y lo dejamos en reposo 10 minutos más. Una vez colado, se pueden beber tres tazas diarias, preferentemente en ayunas.

DATOS DE INTERÉS

Aspectos ecológicos
Planta bastante frecuente, que crece en prados húmedos, en las riberas de ríos y arroyos, junto a fuentes y manantiales y en márgenes de bosques y setos. Se extiende por la mayor parte de Europa y en la península queda limitada al tercio norte y a los macizos montañosos del resto.

Descripción
Planta vivaz, de hasta metro y medio de alto, tallo erguido, grueso y con surcos, hojas alternas, muy aromáticas y flores amarillentas, en inflorescencias terminales.

Recolección y conservación
Las flores se recolectan en verano, cuando han empezado a abrirse, y en otoño, las hojas y los tallos.

Propiedades
Analgésica, antiinflamatoria, antirreumática, anticoagulante, febrífuga, diaforética, diurética, tónica digestiva y depurativa.

Indicaciones
Artritis, artrosis, dolores reumáticos, dolores de espalda, gota, edemas, disfunciones digestivas, acidez de estómago, gastritis, diarreas infantiles, flatulencias, cálculos renales, infecciones urinarias, resfriados, gripe. También se ha indicado en la prevención de embolias y la arteriosclerosis.

Principios activos
Glicósidos de flavonol, espireósido, un aceite esencial –el salicilaldehido–, taninos y salicilatos.

Plantas con las que combina
Manzanilla, jengibre, genciana, menta, hinojo, anís, malvavisco, saúco, equinácea, grosellero negro, consuelda, harpagofito, sauce blanco, abedul, maíz, cola de caballo y caléndula.

Presentaciones
Tintura, infusión, decocción, jarabe y extractos fluidos y secos.

Precauciones
- Evitar en caso de padecer úlceras gastroduodenales o si se siguen tratamientos anticoagulantes.
- Dosis elevadas pueden provocar náuseas en ciertas personas.

Relajante muscular

Sedante y antiespasmódica, la corteza del viburno combate con éxito los dolores musculares, tanto externa como internamente, y favorece la relajación.

Las personas que por su actividad profesional o por la práctica del deporte tienden a someter a sus músculos a una presión excesiva, tienen en este bello arbusto un aliado con el que contar. El viburno o mundillo, por su poder antiespasmódico y sedante, actúa bien para reducir la rigidez muscular tanto interna como externamente, y por tanto, se recomienda también para dificultades respiratorias como el asma y en trastornos menstruales, como la contracción excesiva del útero. Es un potente analgésico capaz de aliviar el dolor en las articulaciones, rebajar la tensión muscular en espalda, cuello, hombros y nuca. Y al destensar los músculos, favorece una mejor circulación de la sangre y facilita la eliminación de toxinas, devolviendo el bienestar general al organismo.

REMEDIOS

CÁPSULAS CONTRA LOS DOLORES MENSTRUALES

Consiste en pulverizar, con la ayuda de un molinillo, 30 gramos de corteza de viburno y una cucharadita de raíz de jengibre, hasta obtener un polvillo fino. Se aconseja tomar de un cuarto a media cucharadita de este polvillo, de dos a tres veces al día. Como alternativa, podemos probar la tintura de ulmaria, unas 50 a 60 gotas en tres tomas diarias.

LOCIÓN CONTRA LA RIGIDEZ MUSCULAR

Hacemos un cocimiento con 30 gramos de corteza de viburno en medio litro de agua, colamos bien y empapamos un paño, con el que friccionaremos repetidamente sobre las zonas doloridas, como cuello, nuca, hombros, etc. Repítase la operación las veces que sea preciso.

En uso interno, se recomienda en forma de tintura, de la que basta con ingerir, disuelta en agua, tres dosis diarias.

TÓNICO SANGUÍNEO

Loción para mejorar la circulación sanguínea en manos y pies, válida también para tratar las varices. Se prepara combinando 20 ml de tintura de viburno, con unas gotas de aceite de lavanda y mejorana y se aplica con masaje enérgico sobre las áreas afectadas.

DATOS DE INTERÉS

Aspectos ecológicos
Crece en ambientes húmedos, en setos, linderos de bosques y caminos.

Descripción
Arbusto de hasta 3 metros de alto, con las hojas lobuladas, flores blancas, agrupadas en umbelas y bayas de color rojo vivo.

Recolección y conservación
Se aprovecha especialmente la corteza, y en menor medida hojas, flores y frutos. Se recolecta desde finales de primavera.

Propiedades
Antiespasmódico, antirreumático, analgésico, antiinflamatorio, sedante, astringente, diurético.

Indicaciones
Dolores musculares y reumáticos, artritis, dolores de espalda, dolores menstruales, cólicos, síndrome del colon irritable, mala circulación sanguínea en extremidades, tensión nerviosa, neuralgias, dolores de cabeza.

Principios activos
Cumarinas, ácidos clorogénico y salicílico, salicina, ácido ursólico, flavonoides, taninos, resinas.

Plantas con las que combina
Ulmaria, harpagofito, sauce blanco, manzanilla, lavanda, tomillo, mejorana, primavera.

Presentaciones
Decocción, tintura, polvos, loción, extractos secos y fluidos.

Precauciones
- No olvidar que en dosis elevadas es un hipotensor.

OTRAS PLANTAS ANTIRREUMÁTICAS

MEJORANA *Origanum majorana*

Alivia el dolor de las articulaciones

Pariente del orégano, con la que comparte sus virtudes como tónico digestivo y sus aplicaciones como condimento de cocina, la mejorana encierra también una acusada acción antiespasmódica y analgésica, que la convierte en un remedio apto para aliviar los dolores en los huesos y articulaciones, y para reducir los espasmos musculares, recomendándose como apoyo en la cura de fracturas, contusiones y magulladuras. Pero además es un tónico nervioso, muy indicado en casos de ansiedad, insomnio y para combatir la jaqueca.

COMO ACEITE ESENCIAL

Se aplica en masaje sobre las partes del cuerpo donde se presenta el dolor de articulaciones. Bastan con 10 gotas por dosis, friccionando suavemente.

Indicaciones: Inflamaciones óseas y articulares, contusiones, heridas, herpes y otras alteraciones cutáneas, espasmos musculares, espasmos gastrointestinales, gastritis, úlceras gastroduodenales, digestiones difíciles, flatulencias, hipertensión arterial, ansiedad, insomnio, jaquecas.

Presentación: Infusión, tintura, polvos, extracto seco y fluido, aceite esencial, usualmente para uso externo.

PRIMAVERA *Primula veris (P. officinalis)*

Útil contra los golpes

Esta hermosa planta, de flores amarillas acampanadas, que aparece en los claros de los bosques en primavera, es un notable analgésico natural, que ayuda a mitigar el dolor producido por contusiones, golpes severos y en todo tipo de traumatismos. Alivia también las molestias musculares y resulta eficaz en reumatismos, artritis reumatoide, neuralgias y gota.

INFUSIÓN SENCILLA

Una cucharada de postre de flores de primavera por taza de agua. Hervimos 3 minutos y tras dejarlo descansar, lo bebemos en caliente a breves sorbos. Es útil para aliviar el dolor de golpes y distensiones musculares.

Indicaciones:
Inflamaciones osteoarticulares, espasmos musculares, traumatismos, dolores reumáticos, neuralgias, afecciones respiratorias como bronquitis, catarro, gripe y asma, afecciones urinarias como cistitis y uretritis, gota, edemas.

Presentación:
Infusión, decocción, extractos fluido y seco.

ALBAHACA *Ocimum basilicum*

Un aceite para músculos y huesos

Estamos ante un gran condimento culinario que, como el orégano, ayuda a aumentar el apetito y a digerir mejor los alimentos. Pero además la albahaca posee un efecto analgésico y antiinflamatorio, que sumado a su capacidad para frenar la infección le permite ejercer una acción restablecedora en músculos, huesos y cartílagos. Su aceite esencial, muy refrescante y aromático, se emplea para aplicar sobre articulaciones doloridas y músculos cansados, pero también se recomienda para dolores abdominales, indigestiones y como un eficaz tónico nervioso, que facilita la concentración y ayuda a disipar las obsesiones.

ACEITE ESENCIAL

Se aplica como masaje en uso externo sobre articulaciones dolorosas y músculos agarrotados. En uso interno, sirve para estimular el apetito y mitigar los espasmos intestinales, así como para aplacar náuseas o vómitos. Para ello basta con ingerir 3 gotas disueltas en agua, en tres dosis diarias.

Indicaciones: Artritis, artrosis, gota, dolores musculares, espasmos gastrointestinales, inapetencia, indigestión, cólico, parásitos intestinales, trastornos nerviosos, irritabilidad, jaquecas, migrañas, heridas, eccemas, picaduras de insectos.

Presentación: Aceite esencial, infusión, polvos, jugo de planta fresca, macerados, lociones y pomadas.

SAUCE BLANCO *Salix alba*

Contra los dolores artríticos

Este árbol de los márgenes de los ríos es una ayuda natural excepcional para combatir el dolor. Contiene ácido salicílico, del cual se obtiene la célebre aspirina, siendo ideal en caso de traumatismos por caídas, magulladuras, esguinces y tirones musculares, pero también para luchar contra los dolores de cabeza y de muelas, reumatismos y molestias menstruales. Tiene la capacidad de reducir la fiebre y actúa bien contra la gripe y el catarro.

INFLAMACIÓN DE LAS ARTICULACIONES

Se recomienda una decocción de 10 gramos de raíz de sauce en 750 ml de agua hirviendo. Podemos tomar tres dosis diarias a lo largo de una semana hasta que remita el dolor. También se administra en pastillas.

Indicaciones: Dolores por traumatismos, reumatismo, espasmos musculares, cefaleas, dolores menstruales, molestias de la menopausia, estomatitis, trastornos nerviosos, gripe, catarro, convalecencias, diarreas, disentería.

Presentación: Infusión, decocción, tintura, polvos, extracto fluido y seco.

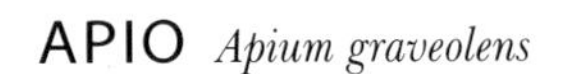

APIO *Apium graveolens*

Depura el organismo

Resulta un elemento insustituible en la cocina mediterránea, pero además el apio es una poderosa planta medicinal, que tiene la virtud de depurar el organismo de agentes tóxicos. Las semillas ayudan a eliminar los desechos del hígado, reducen la acidez, limpian de ácido úrico las articulaciones y facilitan la expulsión de orina, evitando las infecciones en las vías urinarias. Por tanto es una planta depurativa, que también purifica la sangre, y que se recomienda para equilibrar la tensión sanguínea y como un remedio muy útil para tratar inflamaciones reumáticas y la gota.

CALDO DE APIO

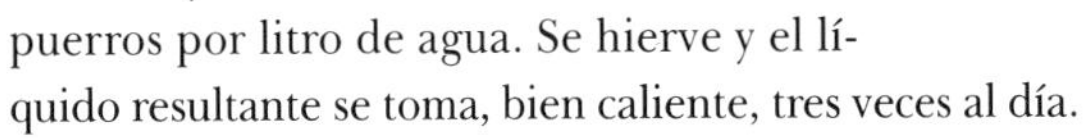

Como tónico depurativo, adecuado también para problemas de obesidad, se prepara combinando un tallo de apio, dos cebollas y tres o cuatro puerros por litro de agua. Se hierve y el líquido resultante se toma, bien caliente, tres veces al día.

Para los dolores reumáticos se aconseja tomar 30 gotas diarias de tintura de apio. Y para casos de gota, se hace un cocimiento con 20 gramos de semillas y se bebe a lo largo del día.

Indicaciones: Afecciones genitourinarias como cistitis, uretritis, ureteritis; retención de orina, edemas, obesidad, hipertensión arterial, reumatitis, gota, inapetencia. En uso externo se aplica en caso de heridas y úlceras en la piel.

Presentación: Infusión, decocción, polvos, tintura, gotas, jugo de la planta fresca, caldo y aceite esencial.

CAYENA *Capsicum frutescens*

Contra el lumbago

El lumbago –dolor en la zona lumbar– es una dolencia muy frecuente, con la que mucha gente se ve obligada a convivir. Suele estar provocado por la reiteración de posturas inadecuadas, por esfuerzos musculares bruscos o por un exceso de peso, y se manifiesta con una dificultad para agacharse y enderezarse, o para recoger objetos pesados. La popular guindilla o pimienta de cayena contiene una sustancia, la capsaicina, que actúa como antídoto contra todo tipo de dolores musculares y articulares, y se recomienda muy especialmente para combatir el lumbago.

ACEITE PARA MASAJES

Se disponen 100 g de guindillas troceadas en medio litro de aceite y se cuecen a fuego lento. Se deja enfriar y, tras filtrarlo, se deposita en un frasco de cristal translúcido. Con el aceite masajeamos suavemente la zona lumbar cada noche antes de acostarnos, teniendo la precaución de no tocarnos los ojos.

Una alternativa es la loción que obtendremos combinando dos gramos de extractos fluidos de cayena, aloe y jengibre, más 5 gramos de aceite esencial de pino silvestre, macerado en 100 ml de alcohol de romero. Se aplica en fricciones suaves sobre el área dolorida, dos veces al día.

Indicaciones: Lumbalgias, inflamaciones osteoarticulares, dolores musculares, neuralgias, artritis reumáticas, indigestión, inapetencia, anorexia, espasmos gastrointestinales.

Presentación: Aceite en infusión, tintura, ungüento, loción, pomada, polvos y pastillas.

Ojos, boca y oído

Ojos, boca y oído son una parte muy importante del organismo, al ser allí donde se localizan muchas afecciones menores y algunas de mayor entidad. Problemas bucales diversos, afecciones de las vías respiratorias, conjuntivitis y dolor de oídos pueden ser tratados con una gran variedad de plantas, tanto europeas como exóticas.

Los problemas otorrinolaringológicos se relacionan con los de las vías respiratorias altas, y así es frecuente tener simultáneamente una conjuntivitis y una faringitis, porque las afecciones de la mucosa son comunes en esta zona del cuerpo. Muchas veces esta mucosa se ve afectada por la contaminación o una alimentación inadecuada. Existen numerosas plantas medicinales que pueden ofrecernos un tratamiento para estos problemas, pero ante todo es conveniente corregir las causas.

Limpieza dental

Si hacemos un repaso a los componentes de muchos dentífricos veremos que la gran mayoría contienen algún producto vegetal, especialmente la **menta**. Además del aceite esencial de menta, otras plantas pueden ser útiles para el cuidado de los dientes y la prevención de la piorrea, como la **ratania** *(Krameria trianda)*, una planta sudamericana con altas propiedades astringentes. No es sin embargo la única, ya que otras plantas aromáticas como la **mirra**, el **clavo** de olor o el **benjuí** *(Styrax benzoin)*, planta esta última de olor y botánica próximas al alcanfor, son también muy eficaces. Pero no es necesario recurrir a plantas tan exóticas para hacer un buen enjuague casero, que podría constar de **menta** y **tomillo** a partes iguales: la primera refresca la boca y el segundo tiene una acción antiséptica.

Otitis

En la mayoría de las ocasiones, una otitis se inicia porque en el oído interno la mucosa empieza a segregar moco que no puede eliminarse por la vía baja, produciendo un aumento de presión, que desata la inflamación y el dolor. En una segunda fase, este moco se puede infectar y dar lugar a una otitis infecciosa. Podemos empezar a tratar la otitis simple, sin infección, con plantas pectorales, con **ajo** y con gotas a base de **propóleo** o de aceites esenciales de plantas aromáticas. Sin embargo, la otitis complicada exige el control de un médico. Cualquier aplicación en el oído, si existe un tímpano perforado, puede agravar la otitis.

Faringitis

Las plantas útiles son numerosas, empezando por las pectorales o balsámicas. Además serán de mucha utilidad los gargarismos, en los cuales utilizaremos especialmente plantas astringentes como la corteza de **encina**, las frutos del **rosal**, el **llantén** o las hojas de **zarzamora**. También se utiliza el jugo de **limón** como antiséptico, especialmente mezclado con miel, pues dulcifica la mucosa.

Laringitis

La afonía es una de las consecuencias directas de la laringitis, que se diferencia de la anterior en que tiene una localización más baja, afectando a las cuerdas vocales. El **erísimo** o hierba de los cantores *(Sisymbrium officinale)*, se utiliza desde la baja Edad Media para aclarar la voz. En la faringitis tiene pues una amplia utilidad, tomado tanto por vía interna como en forma de inhalaciones y de gargarismos, si bien éstos no llegan a las cuerdas vocales, situadas ya en el interior de la tráquea. Pero los gargarismos sí sirven para aliviar la inflamación faríngea que suele acompañar a la laringitis.

Conjuntivitis

Puede tratarse de una problemática infecciosa, en la cual la persona se despierta con el ojo pegado y lleno de pus o cierta costrilla, en cuyo caso se puede intentar el tratamiento con plantas ricas en aceites esenciales, como el **tomillo**. Más frecuente es la conjuntivitis no infecciosa, para la que se recomienda en primer lugar la **eufrasia**, denominada en inglés *eyebright* («ojos brillantes») por su poderoso efecto. A falta de esta planta, tisanas de flores de **saúco** o **manzanilla** pueden ser muy útiles para aliviar el picor y la molestia.

CLAVO
Como aceite esencial o en infusión, esta especia resulta eficaz tanto ante problemas bucales como para el dolor de oído.

Un protector de boca y garganta

Hierba muy apreciada por los herboristas, la salvia nos brinda todo su poder para aliviar diferentes afecciones bucales y dolores de garganta, constituyendo también un eficaz tónico digestivo y nervioso.

Llagas y heridas en el interior de la boca, encías débiles y sangrantes, el fatídico dolor de muelas y la irritación en la garganta son problemas que un día u otro aparecen y a los que resulta difícil escapar. La salvia aporta todo su poder, como planta astringente, antiséptica y antiinflamatoria, para enfrentarse a todos ellos a través de unos gargarismos reparadores. La salvia destaca también por ser un valioso estimulante hormonal, que se aconseja para regular el periodo y como un apoyo en la menopausia para evitar la aparición de sofocos y sudores nocturnos. Es además un excelente tónico digestivo y nervioso, que se recomienda en digestiones difíciles y para serenar los ánimos. La salvia se manifiesta como un reconstituyente general del organismo, que facilita la recuperación tras una larga enfermedad.

OTROS USOS
La savia de la salvia se utilizaba para eliminar las manchas de los tejidos.

Leyendas y tradiciones

Del vocablo latino *salvare*, que significa «ser salvado», en referencia a sus múltiples poderes curativos, procede el nombre de esta humilde plantam, popular en huertos y monasterios. *Cur moriatur homo cui Salvia crescit in horto?* o bien, *Contra vim mortis non est medicamen in hortis*, rezaba la sabiduría popular, indicando que quien tuviera salvia en su huerto no tenía por qué temer a la muerte.

GÁRGARAS PARA LAS ENCÍAS

Calentamos a fuego lento dos cucharadas de postre de hojas de salvia. Las retiramos cuando empieza a hervir y dejamos reposar tapado diez minutos. Hacemos gárgaras profundas durante 15 minutos con la infusión caliente, pero tolerable para el cuerpo. De este modo conseguiremos fortalecer las membranas mucosas de la boca y la garganta y evitar la inflamación.

PARA BLANQUEAR LOS DIENTES

Lo ideal es utilizar la planta fresca, pero también se puede hacer con la planta seca, asociada al gordolobo. Se tritura hasta formar un polvillo. Untamos el dedo en ese polvillo y lo mojamos en agua. Con el dedo empapado, fregamos los dientes y las encías, consiguiendo eliminar las manchas en los primeros y reforzar a las segundas.

Una alternativa para reforzar el cuidado de los dientes es la infusión que obtendremos mezclando una cucharadilla de salvia, otra de pasas de Corinto y un trozo de canela. Una vez el agua arranca a hervir, echamos la hierba y las pasas y lo mantenemos en reposo veinte minutos. Filtramos y hacemos gárgaras para purificar la boca.

SUDORES NOCTURNOS

La salvia es un excelente regulador del exceso de sudación gracias a los fitoestrógenos que contiene. Combinamos salvia con cola de caballo y cardo mariano a partes iguales, y una cucharada de este preparado lo vertemos en una taza de agua, que llevaremos a ebullición. Se toman dos tazas al día. Los sudores de manos y pies se combaten con unos baños calientes, de agua de salvia muy concentrada, y reforzada con vinagre y sal. Debemos mantener manos o pies en el baño hasta que éste se enfríe, pero hay quien aconseja poner dos palanganas, una con este baño y otra con agua fría e ir alternando. Es ideal en problemas circulatorios.

INFUSIÓN DIGESTIVA

Estimula las funciones del estómago y los intestinos y consigue frenar los vómitos espasmódicos o las diarreas persistentes. Mezclamos a partes iguales salvia, manzanilla, menta, poleo y melisa, y el contenido de una cucharada sopera rasa de la mezcla por taza lo vertemos en un cazo de agua que ha arrancado a hervir. Dejamos reposar unos 8 minutos y colamos. Se pueden tomar hasta tres tazas diarias, después de las comidas.

DATOS DE INTERÉS

Aspectos ecológicos
La salvia crece en praderas pobres, márgenes de sembrados, cunetas y laderas rocosas, generalmente en ambientes secos y soleados.

Descripción
Planta de hasta 80 cm, con tallos erectos, hojas alargadas de envés pubescente, y bellas flores violetas, que se agrupan de 4 a 8 en inflorescencias terminales.

Recolección y conservación
Se recolectan las hojas, preferentemente de brotes jóvenes, se dejan secar a la sombra y se suelen conservar en saquitos sellados y guardados en cajas o frascos de hojalata. Una vez secas, las hojas, de un color gris verdoso, emanan un intenso aroma alimonado, como de alcanfor.

Propiedades
Astringente, antiséptica, antiinflamatoria, digestiva, carminativa, estrógena, antisudoral, colerética, hipoglucemiante.

Indicaciones
Infecciones bucales, estomatitis, faringitis, inapetencia, indigestiones, gastroenteritis, diarreas, apoyo para la diabetes, problemas menstruales, trastornos de la menopausia, sudación excesiva, hipertensión arterial, tensión nerviosa, astenia, jaquecas, catarros, asma, picaduras, hinchazones, contusiones.

Principios activos
Aceite esencial, flavonoides, ácidos fenólicos como el ácido rosmanírico, principios amargos, taninos.

Plantas con las que combina
Mirra, romero, gordolobo, ciprés, cola de caballo, cardo mariano, eucalipto, tomillo, lavanda, manzanilla, melisa, pasiflora, lúpulo, kava-kava, menta, poleo, anís, hinojo, meliloto, bistorta, agrimonia, onagra, sauce blanco, ginkgo, equinácea.

Presentaciones
Infusión, decocción, tintura, polvos, extractos seco y fluido, aceite esencial y para uso externo, decocción para compresas, baños, vahos y gargarismos.

Precauciones
- Evitar durante el embarazo y la lactancia.
- Tener presente que puede interferir en tratamientos con estrógenos.
- No recomendada en casos de insuficiencia renal.
- El aceite esencial puede producir irritación por contacto y convulsiones si se ingiere.

AMBIENTADOR NATURAL

Basta con quemar hojas de salvia en una sartén para purificar el aire de las habitaciones.

Lo mejor ante la conjuntivitis

La eufrasia es la gran alternativa natural para el cuidado de los ojos y los párpados, que se muestra igualmente eficaz para combatir las alergias.

La conjuntivitis es la infección de las mucosas que recubren el ojo, causada por un virus o una bacteria, por la alergia al polen de las flores y al polvo o incluso como rechazo al uso de las soluciones limpiadoras de las lentes de contacto. Es una irritación molesta, que comporta párpados hinchados y visión borrosa. La eufrasia es una de las plantas más empleadas contra este trastorno. Reduce la inflamación y las alergias tanto en los ojos como en las fosas nasales y los oídos. Por ello es un remedio muy útil para tratar conjuntivitis leves, catarros, hemorragias nasales y otitis.

Leyendas y tradiciones

Es a partir del siglo XIV que se encuentran referencias a esta planta, como fuente de donde se obtiene un agua milagrosa capaz de devolver la vista a las personas y de *alejar el demonio* de los ojos. Y los grandes herbolarios europeos del siglo XVI la tenían ya como uno de los mejores remedios para las dolencias oculares.

REMEDIOS

COLIRIO PARA LOS OJOS

Ponemos una cucharadita de postre de eufrasia en 1/4 de litro de agua hirviendo. Dejamos reposar y cuando la infusión ha reducido su temperatura a la corporal, haremos un baño de ojos con la ayuda de una bañera ocular, tres veces al día. Es indispensable utilizar una infusión recién hecha cada vez para evitar posibles infecciones o la contaminación de la tisana.

BAÑO PARA LA CONJUNTIVITIS

También sirve en la inflamación de los párpados. Se prepara haciendo una infusión a partes iguales de sumidades de eufrasia y rabo de gato, flores de abrótano hembra y raíz de malvavisco, junto a la mitad de semillas de zaragatona *Plantago afra*. Antes de aplicar, limpiamos bien los párpados con una gasa, y efectuamos los baños con la ayuda de una bañera ocular, parpadeando de vez en cuando.

INFUSIÓN ANTIALÉRGICA

Indicada para casos de rinitis alérgica con catarro. Mezclamos a partes iguales eufrasia, llantén mayor, vara de oro y eupatorio. Hervimos durante tres minutos el contenido de una cucharada sopera de la mezcla por taza de agua, y lo tomamos tres veces al día, ampliable a cuatro si la mucosidad es muy densa.

UN VINO PARA VER MEJOR

Con flores de eufrasia, rosa, verbena y endibias, disueltas en vino blanco, se elabora un tónico que estimula la vista.

DATOS DE INTERÉS

Aspectos ecológicos
La eufrasia crece en prados altos, pastizales y márgenes de bosques. Es común en las zonas montañosas de Europa.

Descripción
Planta anual de hasta 50 cm de alto, hojas dentadas, muy pequeñas y bellas flores trilobulares, rosadas o blancas, manchadas de amarillo.

Recolección y conservación
Se recogen las sumidades floridas, en primavera.

Propiedades
Antiinflamatoria, astringente, antidiarreica, hemostática, antiséptica, cicatrizante

Indicaciones
Conjuntivitis, blefaritis (párpados inflamados), molestias oculares, rinitis alérgica, estomatitis, dolores de garganta, dolor de oído, catarro, gripe.

Principios activos
Taninos, flavonoides, alcaloides, heterósidos iridoides como el eufrósido.

Plantas con las que combina
Salvia, llantén mayor, eupatorio, saúco, manzanilla, malvavisco, tomillo, rabo de gato, abrótano hembra.

Presentaciones
Infusión, aplicada como colirio o baño ocular, tintura, extractos fluidos y secos.

Precauciones
- Evitar en caso de padecer úlceras gastroduodenales o si se siguen tratamientos anticoagulantes.
- Dosis elevadas pueden provocar náuseas.

Remedio natural para la boca

Esta mágica resina, de referencias bíblicas, es uno de los mejores remedios para mantener la boca y los dientes sanos.

La mirra está considerada uno de los remedios naturales más efectivos para solucionar los problemas bucales y forma parte de los mejores dentífricos. Aquellas personas con propensión a sangrar por las encías, o a sufrir las molestas llagas u otro tipo de irritaciones en la boca y garganta, tienen en esta valiosa resina una ayuda inestimable. Inhibe la infección de las mucosas y fortalece los tejidos afectados.

Leyendas y tradiciones

Oro, incienso y mirra, éstos son los tres presentes que los Reyes Magos ofrecieron a Jesús de Nazaret, tal y como recoge un conocido pasaje del Nuevo Testamento. La mirra es también un elemento esencial en la composición del *kyphi*, con el cual se embalsamaba a los muertos en el Egipto de los faraones. Esta resina es aún muy utilizada por los masai para combatir las mordeduras de serpiente y como eficaz purgante.

PARA ENCÍAS DÉBILES

Hervimos en medio litro de agua, raíz de bistorta, lentisco, llantén, cola de caballo, salvia y mirra, a partes iguales, unos 10 gramos de cada. En caso de dolor persistente, se pueden añadir 5 clavos de especia, como apoyo analgésico. Lo hervimos durante 5 minutos y podemos aprovechar este intervalo para beneficiarnos de sus vahos. Se cuela cuando adquiera una temperatura agradable, y lo aplicamos sobre las encías con una gasa humedecida. Con el resto del agua podemos hacer gárgaras, sin tragarla. Se le atribuye también un cierto efecto desodorante, al contribuir a eliminar el mal aliento.

EXTRACTO CONTRA LAS AFTAS DE LA BOCA

Igualmente útil para la irritación en la lengua. Consiste en combinar a partes iguales extractos fluidos de mirra, equinácea y regaliz. Diluimos la mezcla en agua y la aplicamos en frío sobre la zona llagada.

COMPRESAS PARA EL ACNÉ

Un buen remedio para adolescentes. Mezclamos resina de mirra con caléndula y cola de caballo. Lo hervimos de 3 a 5 minutos y lo colamos. Empapamos con el líquido unas compresas, que posteriormente aplicamos en frío sobre los granos o el área inflamada, dos veces al día.

AROMATERAPIA
Quemar varios pedazos de resina de mirra purifica el ambiente y favorece la meditación.

DATOS DE INTERÉS

Aspectos ecológicos
Originaria del este de África, especialmente Somalia, Etiopía y Tanzania, se encuentra también en Arabia Saudí, India y Tailandia. Crece en zonas de matorral y terrenos pedregosos.

Descripción
Arbusto grueso, de hasta 3 metros de alto, con las ramas muy nudosas y cubiertas de espinas. Corteza de color gris pálido, hojas trifoliadas y frutos ovalados, de color marrón claro.

Recolección y conservación
Se aprovecha la resina, que se obtiene realizando incisiones en la corteza o bien en las fisuras naturales del tronco. Exuda entonces una oleorresina, que una vez endurecida, adquiere una tonalidad pardo-rojiza.

Propiedades
Antiséptica, antiinflamatoria, antiespasmódica, estimulante, astringente, cicatrizante, emenagoga, expectorante, carminativa.

Indicaciones
Infecciones bucales, gingivitis, llagas en la boca, dolor de garganta, amigdalitis, afta bucal, problemas menstruales, irritaciones cutáneas.

Principios activos
Gomo-oleorresinas, alcoholes, ácidos como la mirrina y aceites esenciales como el mirrol y el mirrenol.

Plantas con las que combina
Salvia, bistorta, clavo, cola de caballo, caléndula, llantén mayor, lavanda, lentisco, rosal silvestre, ajedrea, malvavisco, regaliz y equinácea.

Presentaciones
Polvos, tintura, pastillas e infusión para gargarismos, aceite esencial. Y forma parte de algunos dentríficos.

LA TINTURA resulta muy común, pues la mirra es poco soluble en agua.

OTRAS PLANTAS PARA OJOS, BOCA Y OÍDO

BISTORTA *Polygonum bistorta*

Potente analgésico

Esta planta de hermosas flores rosadas, que crece en los pastizales altos de las montañas, es uno de los analgésicos naturales más fuertes que se conocen. A su capacidad para reducir el dolor, une su eficacia para prevenir la infección. Por ello la bistorta se muestra como uno de los remedios más idóneos contra las llagas bucales, encías sangrantes, irritaciones en la garganta, heridas de la piel, urticarias, inflamaciones en la vagina, varices y hemorroides, recomendado también en conjuntivitis yu blefaritis.

ENJUAGUE PARA LAS ENCÍAS

Preparamos una decocción hirviendo en medio litro de agua, raíz de bistorta, lentisco, llantén mayor, cola de caballo, salvia y mirra a partes iguales, unos 10 gramos de cada. Tras colar, dejamos que se reduzca la temperatura, y efectuamos un enjuague bucal, útil para aliviar el dolor de llagas y encías inflamadas.

Indicaciones: Problemas bucales, gingivitis, estomatitis, conjuntivitis, inflamación de los párpados, vulvovaginitis, dermatitis, quemaduras, varices, hemorroides y anemia.

Presentación: Decocción, tintura, polvos, extractos fluidos y secos.

TORMENTILLA *Potentilla erecta*

Frena las hemorragias

La tormentilla es una planta rastrera muy común que los herbolarios han recomendado ya desde antiguo como un remedio potente para frenar la diarrea. Es muy rica en taninos, lo que explica su acentuado poder astringente, siendo por ello muy válida para tratar hemorragias diversas, heridas, rasguños, varices y hemorroides, en forma de enjuague para tratar las llagas y úlceras de la boca, las encías dolorosas y sangrantes, y la infección de garganta y en colirio para bajar la inflamación ocular.

REMEDIOS

GARGARISMO ASTRINGENTE

Hacemos una decocción con 20 gramos de rizoma de tormentilla por litro de agua, que dejaremos a fuego lento durante 15 minutos, y mantendremos en reposo 10 minutos más. Se recomienda hacer gargarismos en caliente para tratar la infección en la boca.

Indicaciones: Estomatitis, faringitis, gingivitis, conjuntivitis, vulvovagintis, hemorragias uterinas, úlceras cutáneas, estrías, diarreas, colitis, colon irritable.

Presentación: Infusión, decocción, tintura, polvos, maceración, extractos secos y fluidos, loción y pomada.

CLAVO *Eugenia caryophyllata*

Contra el dolor de muelas

El clavo –los capullos florales de un árbol de las islas Molucas– constituye una especia muy valorada que aporta su sabor aromático a una gran diversidad de manjares. Pero además es una poderosa planta medicinal, considerada un estimulante natural de la mente y el cuerpo, con fama incluso de afrodisiaca. Entre sus virtudes destaca su capacidad para calmar el dolor y evitar la infección. Su aceite esencial se emplea contra el dolor de muelas, la inflamación del oído, y también para reducir los espasmos gastrointestinales, el flato, las flatulencias y la tos.

ACEITE ESENCIAL

Para el dolor de muelas o contra los dientes doloridos basta con impregnar una gasa de algodón y aplicar sobre los dientes, repitiendo la operación no más de tres veces al día. Otra solución es masticar el clavo directamente, cual si fuera regaliz.

Indicaciones: Dolor de muelas, estomatitis, otitis, amigdalitis, faringitis, úlceras en la piel, inapetencia, dolores intestinales, diarreas, flatulencias.

Presentación: Infusión, decocción, tintura, cápsulas, pastillas, aceite esencial.

MENTA *Mentha* x *piperita*

Digestiva y descongestionante

La conocida menta es ante todo una planta digestiva, que tiene la virtud de estimular la secreción de las glándulas digestivas y biliares, tonificando los intestinos y evitando la aparición de náuseas, los molestos retortijones y flatulencias. Pero por su efecto analgésico y antiespasmódico, la menta se revela también como un remedio excelente para mitigar el dolor de muelas y otras molestias bucales, las jaquecas y los dolores musculares y articulares. Es una gran ayuda para aliviar las molestias del oído en los niños, y como descongestionante natural contra la sinusitis, rinitis y los resfriados.

INFUSIÓN DE MENTA

Se prepara vertiendo 10 gramos de sus hojas o sumidades en un cazo de agua hirviendo. Es un buen digestivo, que en forma de gargarismo alivia el dolor de muelas.

Indicaciones: Indigestiones, inapetencia, espasmos gastrointestinales, cólicos, flatulencias, jaquecas, catarros, gripe, bronquitis, sinusitis, rinitis, otitis, estomatitis, irritaciones de la piel.

Presentación: Infusión, tintura, jarabe, pastillas, gotas, loción y aceite esencial.

ORÉGANO *Origanum vulgare*

Un limpiador natural para la boca

INFECCIONES BUCALES

Mezclamos el contenido de una cucharadita de postre de sumidades de orégano, por una cucharada sopera de cada una de las plantas siguientes: malvavisco y erísimo *Sisymbrium officinale*, también llamado hierba de los cantores. Lo hervimos durante 10 minutos con azúcar cande. Una vez colado, procuraremos hacer vahos de manera frecuente, cada dos horas, bien caliente, pero durante poco rato.

ENJUAGUE PARA LA BOCA

Ideal como calmante contra dolores dentales, basta con preparar un cocimiento con dos cucharadas de orégano y mejorana por taza de agua, hervirlo cinco minutos, filtrar y hacer un enjuague cada mañana.

Esta planta, muy empleada como condimento de cocina para espolvorear sobre las pizzas y para sazonar diversos guisos, destaca ante todo por su capacidad para devolver el apetito y como ayuda para evitar las flatulencias. Menos conocida es su virtud –en uso externo– para reducir la inflamación de muelas y aliviar otras infecciones de boca y oídos, calmar el dolor de las articulaciones y combatir distintas molestias posturales como la tortícolis.

Indicaciones: Otitis, sinusitis, odontalgias, dolores articulares, úlceras cutáneas, faringitis, bronquitis, asma, neuralgias, jaquecas, dolores musculares y reumáticos, espasmos gastrointestinales, inapetencia, dolores menstruales.

Presentación: Infusión, tintura, extractos secos y fluidos, aceite esencial y linimento. Como especia y condimento de cocina.

Plantas para la mujer

Se ha observado que gran parte de las plantas utilizadas tradicionalmente en el control de la menstruación tienen algún efecto sobre el equilibrio hormonal femenino. Así, hay plantas que estimulan o frenan los estrógenos, la progesterona o la prolactina, y su conocimiento puede ser muy importante para la regulación menstrual.

Además de esas plantas que influyen en el equilibrio hormonal, tenemos por ejemplo abortivas, que lo que producen es un aumento de la contracción del útero y, en dosis elevadas, la expulsión del feto. Repasemos algunas de las más utilizadas en este tipo de trastornos.

Alteraciones menstruales

Prácticamente toda mujer en algún momento de su vida padece algún problema menstrual. Las plantas medicinales pueden ofrecer una alternativa válida a muchos tratamientos hormonales, aunque no siempre sean la alternativa a ellos. En otros casos pueden suponer un excelente complemento a la medicación tradicional. Las plantas para hacer bajar la regla en dosis mucho más elevadas son simplemente abortivas. Otras pueden ayudar a aliviar reglas excesivamente abundantes o frecuentes, y entre ellas se incluyen las plantas antihemorrágicas, entre las que destacan la **bolsa de pastor** y el **hamamelis**. En todo caso, y para realizar un tratamiento más preciso, se debería conocer el efecto hormonal de cada planta, porque detrás de muchos de estos problemas hay pequeñas alteraciones del equilibrio hormonal.

Síndrome premenstrual

Es tremendamente frecuente, sobre todo entre las mujeres jóvenes. Se han distinguido tres formas principales, que muchas veces aparecen entremezcladas. Una sería la mujer que se *hincha*: los pechos, la barriga y los tobillos retienen líquido; en otros casos existe dolor o molestias, generalmente abdominales, pero con frecuencia también en los senos o la cabeza; y la tercera implica cambios de carácter, como mal genio, depresión y fatiga psíquica. Existe un tratamiento general del síndrome premenstrual, con plantas como la **cimífuga**, con suplementos de **soja** o con **salvia**; mientras que luego se añadirán plantas específicas para la retención de líquidos (diuréticas), para el dolor (antiespasmódicas) o para los cambios de carácter (relajantes).

Menopausia

La menopausia a veces se asocia con sofocos, calambres en las piernas, depresión u osteoporosis. Muchos de estos problemas se deben a la reducción hormonal evidente que se presenta en este periodo fisiológico de la mujer. Podríamos diferenciar dos fases en la menopausia: una ***primera***, en la que los niveles hormonales están descendiendo pero aún tienen unos niveles relativamente elevados; y una ***segunda***, en la que éstos han descendido de forma definitiva y se ha instaurado la menopausia permanentemente.

En la primera fase suele haber una mayor cantidad de síntomas y las glándulas de secreción interna aún fabrican las hormonas propias en una cantidad aceptable. Es una época en la que aún existe la menstruación, que desaparece del todo en la segunda fase. Existe una diferenciación importante a nivel del tratamiento con plantas medicinales, ya que en la primera fase pueden ser muy útiles las plantas ricas en estrógenos vegetales, o fitoestrógenos, que al aportar la sustancia o materia prima básica para la fabricación de hormonas femeninas pueden ser de extrema utilidad y evitar el uso de una terapia hormonal sustitutoria. En este campo destacan sobre todo los preparados a base de **soja**, pero también los de **trébol rojo** o de **ñame silvestre**. En ambas fases de la menopausia se ha demostrado muy útil la **cimífuga**, una planta norteamericana. Un buen tratamiento fitoterápico en la menopausia además es un complemento útil en la prevención de la osteoporosis y del cáncer de mama.

MATRICARIA
Esta planta resulta muy eficaz para tratar las jaquecas que coinciden con el periodo.

Regulador de la menstruación

Este modesto arbusto de los márgenes fluviales es uno de los más efectivos reguladores hormonales que nos brinda la naturaleza, apto para enfrentarse a trastornos ginecológicos y crisis nerviosas asociadas.

MATA DE VITEX
El sauzgatillo crece sobre los suelos arenosos en riberas de ríos y arroyos. En primavera luce bellas espigas púrpuras, muy visitadas por las abejas.

Tanto la jovencita como la mujer trabajadora y a veces también madre de familia, que durante unos días cada mes se ven afectadas por los efectos de una regla más o menos dolorosa, tienen en esta planta una ayuda providencial. El sauzgatillo es una de las hierbas medicinales mejor dotadas para aliviar las diferentes dolencias propias de la mujer, destacando su poder como regulador hormonal. Equilibra las funciones de la glándula pituitaria y contribuye a estabilizar la producción de progesterona y de estrógenos por parte de los ovarios durante el ciclo menstrual. Por todo ello el sauzgatillo está recomendado para una amplia gama de problemas ginecológicos, como periodos dolorosos e irregulares, menstruaciones abundantes, trastornos ginecológicos como la endometriosis, y para reestablecer el equilibrio hormonal tras haber tomado la píldora anticonceptiva. Reduce la hinchazón y la hipersensibilidad mamaria y contribuye a mitigar la irritabilidad y la melancolía en las afectadas. Asimismo es útil para mitigar determinados síntomas vinculados a la menopausia, como mareos, sofocaciones, estados de abatimiento o cambios de humor y dificultad para conciliar el sueño. Estimula el optimismo y las ganas de actividad, y aleja la amenaza de padecer un episodio depresivo. Su acción moderadamente sedante le hace apto para tratar casos de ansiedad y para aplacar palpitaciones y taquicardias.

Leyendas y tradiciones

La denominación científica, *Vitex agnus-castus* –en griego casto y entero– alude a su capacidad para disminuir la líbido. Cuenta la tradición que las matronas que guardaban castidad en los sacrificios que se ofrecían a la diosa Ceres se acostaban sobre hojas de sauzgatillo. El médico catalán del siglo XIII Arnau de Vilanova ya recomendaba llevar encima un puñal con mango de sauzgatillo para alejar las tentaciones y los monjes en la Edad Media masticaban sus hojas con el mismo propósito. Lo cierto es que si no las hojas, sí las bayas se cree que son inhibidoras de la acción de las hormonas sexuales masculinas (andrógenos) y de la prolactina femenina.

REMEDIOS

DOLORES MENSTRUALES

Mezclamos a partes iguales sumidades floridas y frutos de sauzgatillo, salvia y espino blanco, en una proporción de una cucharada sopera rasa por vaso de agua. Se echa sobre el agua hirviendo y, tras colarlo, se deja en reposo diez minutos más. Se bebe en ayunas cada mañana, mientras duren las molestias.

TINTURA REPARADORA

Para dolencias relacionadas con la menopausia. Maceramos durante 9 días 20 gramos de esta planta por 100 ml de alcohol o aguardiente. Pasado este plazo se vierte en un frasco de cristal oscuro. Se deben tomar 15 gotas tres veces al día.

MAREOS Y VÉRTIGO

Indicada para trastornos de tipo neurovegetativo, que se manifiestan también en forma de ansiedad o insomnio. Se recomienda una infusión concentrada de sumidades de sauzgatillo, que tomaremos en tres tomas después de las comidas principales.

PARA LA ENDOMETRIOSIS

Mezclamos una cucharadita de bayas de sauzgatillo, equinácea, ñame silvestre y viburno, más la mitad de cola de caballo, agrimonia y frambueso, por vaso de agua. Se hierve 5 minutos y tras dejar reposar 15 más, se toman dos tazas al día.

DATOS DE INTERÉS

Aspectos ecológicos
Crece en las orillas de ríos, arroyos y ramblas, sobre suelos arenosos.

Descripción
Arbusto robusto, que alcanza los cuatro metros de alto. Tiene el tallo erecto y las ramas largas y flexibles, que recuerdan a las de la mimbrera. Las hojas son alargadas y pilosas en su envés. Las flores son azuladas o púrpuras, muy pequeñas y se disponen en hermosas espigas terminales.

Recolección y conservación
Se recolectan las inflorescencias en primavera y los frutos a finales del verano. Tienen un sabor picante.

Propiedades
Regulador hormonal, antiestrogénico, galactógeno, antiespasmódico, sedante, vulnerario.

Indicaciones
Diferentes problemas ginecológicos, menstruaciones irregulares, dolores menstruales, síndrome premenstrual, inhibidor de la prolactina femenina, problemas de la menopausia, sofocaciones, mareos, espasmos, vértigos, migrañas, ansiedad, depresión.

Principios activos
Glucósidos iridoides como el agnósido, flavonoides como la casticina, alcaloides, taninos y aceite esencial en los frutos.

Plantas con las que combina
Salvia, espino blanco, kava-kava, melisa, pasiflora, meliloto, hinojo, hamamelis, sauce blanco, cola de caballo.

Presentaciones
Infusión, tintura, pastillas y gotas, las bayas frescas y secas.

Precauciones
- Puede provocar cambios en el ciclo menstrual.
- A veces ocasiona dolor de cabeza.
- No se debe utilizar cuando se toma progesterona.

Una gran ayuda en la menopausia

La raíz de esta planta norteamericana está considerada el mejor apoyo natural para combatir los diferentes trastornos de la menopausia.

Sudores, calambres, mareos, la aparición progresiva de dolores en las articulaciones, molestias reumáticas y una tendencia a la osteoporosis, son síntomas físicos propios de la menopausia, que pueden ir acompañados por una sensación de debilidad general e incluso depresión. La raíz de una planta norteamericana aporta toda su fuerza en apoyo de la mujer a esta edad. La cimífuga suma su efecto como regulador hormonal al de hierba sedante para aliviar muy diversos efectos de la menopausia, como la ansiedad y la depresión. Mitiga los mareos, los sofocos y el vértigo, y es útil para tratar la artritis y el reúma. Es también un remedio ideal para tratamientos ginecológicos, como irregularidades en el periodo o los dolores menstruales, y se recomienda para facilitar las contracciones del útero en las últimas semanas del embarazo.

Leyendas y tradiciones

Para los antiguos nativos de Norteamérica la cimífuga era y es una planta muy ligada a sus costumbres. La conocían con el nombre de black cohosh y utilizaban sus raíces como antídoto contra la temida mordedura de la serpiente de cascabel. Pero el uso más frecuente que la sabiduría tradicional indígena le atribuía sigue hoy plenamente vigente, y es como remedio contra las dolencias femeninas.

REMEDIOS

DECOCCIÓN VIGORIZANTE

Recomendado para aliviar los trastornos propios de la menopausia, como sofocaciones, sudaciones, mareos y estados de abatimiento. Combinamos el contenido de una cucharada de postre de raíz de cimífuga con la misma cantidad de calaguala. Se deja hervir unos 5 minutos en 1/4 de litro de agua y se mantiene en reposo durante toda la noche. Para beneficiarnos de su efecto reparador, al día siguiente se podrá ir tomando a lo largo de toda la jornada.

DATOS DE INTERÉS

Aspectos ecológicos
Crece sobre suelos húmedos en setos y linderos de bosques. Es una planta americana que se encuentra distribuida desde Ontario en Canadá hasta Missouri, en los Estados Unidos, aunque hoy día también se halla naturalizada en muchos lugares de Europa.

Descripción
Planta alta y esbelta, que alcanza hasta dos metros de altura, con el tallo largo y erecto, que acaba en densas espigas alargadas, de color crema.

Recolección y conservación
Se utilizan el rizoma y la raíz, que se acostumbra a arrancar en los meses de otoño. Se conserva troceada o en polvo, y emana un aroma dulzón que puede recordar ligeramente al de la canela. Su sabor resulta algo áspero, no muy agradable.

Propiedades
Estrógena, regulador hormonal, expectorante, antiinflamatoria, antirreumática, sedante, equilibra el sistema nervioso, regula la tensión sanguínea.

Indicaciones
Trastornos de la menopausia, como sofocos y mareos, dolores menstruales, amenorrea, síndrome premenstrual, depresión postparto, espasmos musculares, dolores de espalda, problemas reumáticos y determinados tipos de artritis, como la artritis inflamatoria, especialmente cuando va ligada a la menopausia.

Principios activos
Glicósidos, isoflavonas, ácidos isoferúlico y salicílico, resina y taninos.

Plantas con las que combina
Salvia, sauce blanco, apio, calaguala, pasiflora, melisa.

Presentaciones
Raíz fresca o seca, troceada o en polvo. Se usa en cocimiento, infusión, tintura y en pastillas.

RAÍZ REPARADORA
Proporciona un gran alivio a la mujer, pero es preferible evitarla durante el embarazo.

Para el síndrome premenstrual

Las jóvenes que deben afrontar cada mes los rigores del síndrome premenstrual tienen en la onagra la mejor aliada para aliviar el dolor.

El aceite de onagra está adquiriendo cada vez más fama por sus grandes posibilidades preventivas y curativas. Es rico en ácidos grasos poliinsaturados, como el ácido linoleico y el gamma-linolénico. Este último es el precursor de unas sustancias parecidas a las hormonas, las prostaglandinas, responsables de numerosas funciones metabólicas, siendo indispensables para estabilizar las membranas de todo nuestro organismo. Estas sustancias son también necesarias para el desarrollo del sistema nervioso, para equilibrar los procesos de coagulación de la sangre y como regulador hormonal. Por ello la onagra se muestra como un apoyo inmejorable para la mujer, actuando como bálsamo preventivo contra los dolores menstruales y minimizando las molestias asociadas a la menopausia. Destaca también por su poder hidratante sobre la piel, retrasando su envejecimiento, y para luchar contra los dolores reumáticos y artríticos.

Leyendas y tradiciones

Los pueblos nativos de Norteamérica ya conocían desde muy antiguo la utilidad de la onagra como remedio curativo, y se sabe que preparaban una decocción de las semillas. Con el líquido resultante aplicaban un ungüento sobre las heridas cutáneas, con óptimos resultados. Los primeros pobladores del área de los Grandes Lagos se valían de la planta entera para mitigar dolores muy diversos, para tratar problemas estomacales y como ayuda para reducir la tos, además de como un excelente sedante.

REMEDIOS

PERLAS DE ACEITE

Para reducir las molestias premenstruales y como apoyo contra las dolencias propias de la menopausia, como sofocos, mareos y fatiga en general, se recomienda tomar 3 o 4 perlas a lo largo del día, antes de las comidas.

GOTAS

Para estimular la menstruación. Se mezclan a partes iguales 10 gramos de extracto fluido de onagra, caléndula, manzanilla, salvia y grosellero negro, y se toman 50 gotas diarias en tres dosis.

LOCIÓN HIDRATANTE

En uso tópico, el aceite se aplica diariamente en masaje sobre las zonas dañadas de la piel o las que están más expuestas a un proceso de envejecimiento. Se evita el resecamiento y la descamación, y aumenta su tersura.

DATOS DE INTERÉS

Aspectos ecológicos
Crece sobre suelos secos y arenosos, en dunas de litoral y playas fluviales. Procede de América del Norte, pero hoy día su cultivo comercial está muy extendido también por Europa.

Descripción
Planta bianual, de hasta un metro de alto, con el tallo grueso y anguloso, muy ramificado, hojas basales, muy vellosas, y flores de color amarillo y de pequeño tamaño, que se agrupan en espigas terminales. Desprenden un aroma muy agradable, suave y ligeramente alimonado.

Recolección y conservación
Se aprovechan las hojas, las espigas, el tallo, la raíz y muy especialmente las semillas, de las que, mediante presión, se obtiene el preciado aceite de onagra.

Propiedades
Regulador general del metabolismo, inmunoprotector, regulador hormonal, antiinflamatorio, emoliente, antirreumático, antiespasmódico, anticoagulante, tónico nervioso y digestivo.

Indicaciones
Síndrome premenstrual, dolores menstruales, irregularidades del periodo, dolencias de la menopausia, artritis, problemas cardiovasculares y mala circulación sanguínea, colesterol alto, anorexia nerviosa, jaqueca, indigestión, diarreas, hiperactividad infantil, fatiga post-convalecencia, diferentes anomalías de la piel (eccemas, forúnculos, acné, psoriasis, alopecia), prevención de la arteriosclerosis, esclerosis múltiple, alcoholismo, cirrosis. Y en general para reforzar el sistema inmunitario del organismo.

Principios activos
Acidos grasos esenciales (sobre todo linoleico, y en menor medida gamma-linolénico).

Plantas con las que combina
Salvia, sauce blanco, maíz, kava-kava, pasiflora, melisa, borraja, consuelda, grosellero negro, caléndula, manzanilla.

Presentaciones
Perlas de aceite para uso interno o frascos de aceite para uso externo, extracto fluido.

MATRICARIA *Tanacetum parthenium*

Enemiga de la migraña

Esta delicada planta, de bellas flores que recuerdan a la margarita, ha demostrado ser un poderoso analgésico natural, muy utilizado para acabar con las migrañas. Contiene una sustancia, el partenólido, capaz de inhibir la liberación de un neurotransmisor responsable del dolor de cabeza. Resulta muy útil para acabar con las posibles jaquecas que acompañan a la menstruación, así como para aliviar los espamos musculares. Se ha usado como calmante en el parto y para ayudar a la expulsión de la placenta.

TINTURA CONTRA LA MIGRAÑA

Contra la migraña, y al primer síntoma de su aparición, basta con tomar 10 gotas de tintura disueltas en agua varias veces al día. Para los dolores menstruales se recomienda una infusión de 10 gramos de cabezas florales de matricaria, que echaremos en un cazo de agua hirviendo, y que se debe tomar a diario desde una semana antes de la llegada de la regla.

Indicaciones: Migrañas, cefaleas, dolores musculares, artritis, dolores reumáticos, dolores menstruales, parto, espasmos gastrointestinales, inapetencia.

Presentación: Infusión, decocción, tintura, pastillas y gotas, polvos, la planta fresca.

CORNEJO CHINO (Shan Zhu Yu) *Cornus officinalis*

Remedio natural contra las menstruaciones abundantes

Esta planta, muy utilizada en la fitoterapia china, destaca por su eficacia proverbial para interrumpir la emisión de fluidos del cuerpo, como por ejemplo la orina, el sudor y la sangre. Por ello se emplea para tratar las hemorragias abundantes, las sudoraciones excesivas, la emisión involuntaria de semen y las micciones copiosas. Regulariza la menstruación y suaviza los dolores del periodo. Es un tónico capaz de regular las funciones del hígado y el riñón, pero su uso debe ser combinado con una planta desintoxicante.

CONTRA LA MENORRAGIA

Una decocción con 10 gramos de fruto de cornejo en 1/4 de litro de agua. Se hierve cinco minutos y se beben tres tazas al día, coincidiendo con las comidas.

Indicaciones: Hemorragias diversas, menstruaciones excesivas, exceso de sudación, eyaculación precoz, enuresis nocturna.

Presentación: Decocción, tintura, polvos.

ÑAME SILVESTRE *Dioscorea villosa*

Regulador hormonal

Las ovulaciones dolorosas y la aparición periódica de espasmos musculares durante la menstruación pueden ser aliviados con la ayuda de la raíz de una planta centroamericana, el ñame silvestre. Es muy rica en una sustancia bautizada como dioscina –portadora de diosgeninas– responsable del aumento de estrógenos en la sangre, con un efecto potente para reducir la inflamación y el dolor muscular. Por todo ello se emplea en reglas dolorosas, para eliminar ciertos efectos del síndrome premenstrual, calmar las molestias antes y después del parto, para compensar los desajustes hormonales que aparecen con la menopausia y para aplacar los dolores reumáticos y artríticos.

DOLORES MENSTRUALES

Para aliviar los dolores del periodo podemos preparar un cocimiento con 10 gramos de raíz de ñame y hervirlo en 750 ml durante 8 minutos. Se puede ir bebiendo en pequeñas dosis durante toda la jornada.

Indicaciones: Dolores menstruales, reumáticos y artríticos, endometriosis, inflamación de la vesícula, espasmos gastrointestinales, vómitos, hipo, síndrome del colon irritable, dolencias asociadas a la menopausia.

Presentación: Decocción, tintura y polvos.

BOLSA DE PASTOR *Capsella bursa-pastoris*

Normaliza la regla en adolescentes

Es frecuente que la adolescente, en sus primeras reglas, sufra alteraciones en el ritmo, alternándose las menstruaciones abundantes con las escasas o incluso con las casi inexistentes, y presentando ciclos muy irregulares, lo cual puede provocar mucha ansiedad y trastornos a quien lo padece. Este problema, que también suele aparecer hacia el final de la vida reproductiva de la mujer, puede ser combatido con una humilde hierba conocida por zurrón o bolsa de pastor. Su mayor virtud es la capacidad para frenar las hemorragias, especialmente las que se producen en el útero, pero también para sanar otro tipo de heridas sangrantes.

REMEDIOS

TINTURA ÚTIL PARA NORMALIZAR LA REGLA

Deben tomarse no más de 30 gotas de tintura disuelta en agua todos los días, coincidiendo con las comidas principales, empezando una semana antes de que llegue la regla y hasta el final del periodo. Una alternativa, válida también para menstruaciones abundantes, es la decocción de 10 gramos de bolsa de pastor fresca por taza de agua. Se hierve cinco minutos y, si se quiere, se endulza con miel. Deben tomarse tres tazas al día desde una semana antes del ciclo.

PARA CORTAR LA HEMORRAGIA NASAL

Se recomienda una infusión en la que combinamos bolsa de pastor con ciprés, cola de caballo y anís verde, una cucharada sopera por taza de agua, que aplicamos, con la ayuda de un algodón o gasa, manteniendo la cabeza hacia atrás.

Indicaciones: Irregularidades del flujo menstrual, dolores menstruales, molestias post-parto, hemorragias diversas (uterinas, nasales), heridas cutáneas, varices, hemorroides, infecciones en las vías urinarias, gota, edemas, sobrepeso por retención de líquidos, hipotensión.

Presentación: Infusión, decocción, jarabe, tintura, extracto seco y fluido, cremas y pomadas.

ABRÓTANO HEMBRA *Santolina chamaecyparissus*

Regula el periodo

Conocida también como manzanilla de Maó o de Aragón, esta bella flor de cabezuelas doradas comparte con la manzanilla común su virtud como tónico digestivo y estomacal, siendo un recurso muy válido para estimular el apetito en personas desganadas, como son los adolescentes afectados de anorexia. Pero además destaca por su capacidad para reducir la inflamación y mitigar el dolor provocado por espasmos musculares, y para reducir la acidez y evitar las flatulencias. Pero el abrótano se recomienda especialmente para combatir las molestias del periodo, para regular el flujo menstrual o para estimularlo en caso de amenorrea y como apoyo en la menopausia.

REMEDIOS

UNA INFUSIÓN SENCILLA

Utilizamos siete cabezuelas florales de abrótano hembra por taza. Las echamos en el cazo con agua hirviendo, y tras dejar reposar 10 minutos, lo tomamos en tres dosis, antes de las comidas. Esta fórmula alivia el dolor muscular y contribuye a normalizar el periodo.

Indicaciones: Trastornos menstruales y asociados a la menopausia, espasmos gastrointestinales, inapetencia, anorexia, parásitos intestinales, faringitis, inflamaciones bucales, dolores de muelas, jaquecas, conjuntivitis, inflamación de los párpados, vulvovaginitis.

Presentación: Infusión, cocimiento, polvos, aceite esencial y aceite para ungüento.

Potenciar la inmunidad

No hay duda de que la mejor manera de esquivar las enfermedades y mantener una buena salud es aumentar las defensas del organismo y gozar de buen ánimo. La naturaleza nos brinda la fuerza de plantas tan significativas como el ajo, la equinácea y el ginseng, que nos protegen contra el acoso de los virus y de los microbios.

Estamos en una sociedad en la que las deficiencias inmunitarias están a la orden del día. Mucha gente piensa en problemas como el sida, pero ésta es simplemente la punta del iceberg. Por debajo de la línea de flotación tenemos muchos síndromes de menor entidad pero que afectan a una gran parte de la población: gripes de repetición, fatiga crónica... Se trata de enfermedades que están a medio camino entre las puramente infecciosas, producidas por un microorganismo, y las degenerativas o crónicas. A todo ello contribuyen muchos factores, como la contaminación, el sedentarismo, la alimentación inadecuada y el estrés. Por ello están tan de moda las plantas que aumentan las defensas y refuerzan la inmunidad.

Adaptógenos y antioxidantes

Algunas plantas han llamado la atención por su actividad estimulante nerviosa y de las defensas, como el **ginseng** o el **eleuterococo**, y algunas más que aún están en estudio, y que se denominaron ***adaptógenos*** gracias al científico ruso Israel Brekhman, porque nos ayudan a adaptarnos al medio. Muchas de ellas son plantas que en su hábitat se enfrentan a unas condicionas muy duras de supervivencia, y que han tenido que desarrollar mecanismos biológicos de adaptación que luego en parte se transfieren a quien las toma.

El término *radicales libres* también se ha puesto de moda, y alude a moléculas con electrones desapareados que deterioran las paredes celulares y nos envejecen prematuramente. Los radicales libres se han asociado con enfermedades crónicas y degenerativas y a una disminución de las defensas. Las sustancias que neutralizan estos radicales libres se denominan antioxidantes, y son un paso más allá de las vitaminas. Así, se ha observado que muchos antioxidantes, como los ***flavonoides***, potencian la acción de las vitaminas y hacen que las vitaminas naturales asociadas a ellos sean de una acción biológica muy superior a las vitaminas artificiales. Los antioxidantes presentes en el vino tinto, por ejemplo, han sido foco de gran interés al demostrarse que las fitoalexinas que contiene son capaces de neutralizar algunos procesos degenerativos que conducen al cáncer.

Estimulantes de la inmunidad

Por último contamos con plantas puramente inmunoestimulantes, desprovistas de esta capacidad adaptógena o antioxidante, y entre ellas la gran estrella es la **equinácea**, que aunque se ha puesto de moda recientemente, su actividad se conoce en Occidente desde hace casi un siglo. Estas plantas se recomiendan especialmente en personas que tienen enfermedades víricas de repetición, como faringitis o resfriados, y está en estudio su utilidad, aún hoy en día discutida, en otras enfermedades más graves que cursan con inmunodeficiencia, como el sida o la tuberculosis. La equinácea, sin embargo, no es la única planta inmunoestimulante, ya que estudios franceses nos hablan de la actividad estimulante que tienen las hojas del **grosellero negro**, mientras que los chinos y los indios utilizan plantas algo más exóticas y hoy en día algo más conocidas como la **whitania** o la **schizandra**. A medio camino entre los adaptógenos y los inmunoestimulantes tenemos una curiosa planta, la **maca** o planta del inca, un rabanito que crece a una elevada altura donde otras plantas no resisten, y que los nobles del imperio incaico utilizaban para aumentar su fortaleza y su potencia sexual.

Quizás una de las novedades que aporta la fitoterapia en el campo de los inmunoestimulantes es que, a pesar de no ser estimulantes potentísimos de las defensas, no tienen competencia en el campo de la medicina ortodoxa, con una práctica ausencia de efectos secundarios.

EQUINÁCEA
Inmunoestimulante y antiviral, esta bella planta merece la fama que ha conseguido.

EQUINÁCEA *Echinacea angustifolia, E. purpurea*

El mejor aliado ante las infecciones

La equinácea es la gran planta protectora del sistema inmunitario, aumenta nuestras defensas contra el ataque de virus y bacterias, y evita que seamos presas de resfriados, gripe y otras infecciones.

Resfriados, procesos gripales, bronquitis y un gran número de infecciones pueden ser evitados si depositamos nuestra confianza en esta planta providencial. La equinácea está considerada como el estimulante inmunitario más novedoso de la fitoterapia occidental. Tiene un claro efecto preventivo, al aumentar nuestras defensas, activando la formación de leucocitos, e impidiendo que la infección se desarrolle por la acción de virus o bacterias. Su reconocida acción antivírica ha permitido que se proponga en el tratamiento para combatir el sida. Pero su aplicación más común es como prevención contra infecciones de las vías respiratorias, desde el resfriado común a gripe, faringitis, amigdalitis, bronquitis, rinitis o sinusitis, consiguiendo evitar también las posibles recaídas. La equinácea es una planta muy segura, que incide de una manera especial como protectora de organismos débiles y vulnerables, siendo ideal para niños, enfermos y personas mayores. Es depurativa y purifica la sangre, por lo que se aconseja contra las afecciones de la piel como eccemas, acné, forúnculos y quemaduras, y para acelerar la curación de heridas.

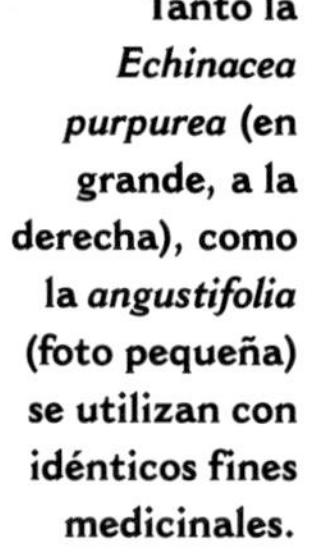

DOS VARIEDADES **Tanto la *Echinacea purpurea* (en grande, a la derecha), como la *angustifolia* (foto pequeña) se utilizan con idénticos fines medicinales.**

Leyendas y tradiciones

La equinácea debe su nombre al aspecto del cono central de sus flores, que recuerda a un erizo de mar. Los indios americanos ya conocían sus múltiples poderes curativos, como lo demuestra el hecho de que los comanches la utilizaran para aliviar el dolor de muelas y garganta, y los sioux para sanar la rabia y las mordeduras de serpiente.

DATOS DE INTERÉS

Aspectos ecológicos
Procede de las praderas centrales de los Estados Unidos y hoy día se encuentra naturalizada en muchos lugares de Europa.

Descripción
Planta erguida que alcanza hasta 120 cm de alto, con el tallo y las hojas pubescentes, bellas flores estrelladas, de color púrpura.

Recolección y conservación
Se recolecta toda la planta, aunque preferentemente la raíz, seleccionando aquellos ejemplares que están en floración, y se deja secar a la sombra. Emana un característico aroma como a madera mojada.

Propiedades
Estimulante inmunitaria, antiinflamatoria, antibiótica, desintoxicante, antiviral, cicatrizante, vulneraria, antialérgica, sudorífica, aperitiva, digestiva, colerética.

Indicaciones
Remedio preventivo contra las infecciones, resfriados, gripe, bronquitis, laringitis, faringitis, sinusitis, otitis, inflamaciones y úlceras cutáneas, sabañones, alergias, asma, amigdalitis, llagas bucales, gingivitis, hemorroides, infecciones renales.

Principios activos
Equinacina, aceites esenciales, resina, betaína, almidón, filosterina, principios amargos, ésteres del ácido cafeico como el equinacósido.

Plantas con las que combina
Tomillo, manzanilla, menta, anís, llantén mayor, malvavisco, hipérico, lúpulo, eleuterococo, saúco, romero, salvia, mirra, regaliz, caléndula, genciana, ulmaria, harpagofito, amor de hortelano, milenrama, ajo y limón.

Presentaciones
Infusión, decocción, tintura, jarabe, gotas y pastillas, pomada cicatrizante.

Precauciones
- Puede provocar un aumento de la secreción de saliva.
- Hay que evitar un consumo demasiado prolongado (hay que descansar a los dos meses, porque pierde efectividad).

REMEDIOS

TINTURA ANTICATARRAL

Combinamos una cucharadita de las tinturas de equinácea, malvavisco, saúco y tomillo, y las disolvemos en agua templada. De la mezcla tomamos una cucharadita tres veces al día. Es ideal para catarros con abundante congestión nasal. Es útil también para aliviar el dolor de oídos.

TISANA PARA LAS RECAÍDAS

Echamos una cucharadita de raíz de equinácea triturada en una taza de agua hirviendo, lo mantenemos en reposo toda la noche y lo filtramos. Se toman dos tazas diarias, en ayunas.

GÁRGARAS PARA LA INFECCIÓN DE GARGANTA

Tenemos dos buenas opciones de gargarismos con equinácea, que resultan ideales para inviernos fríos o en épocas de abundantes catarros y epidemias de gripe. Por un lado, la que preparamos con raíz de equinácea sola, cocida en 500 ml de agua y mantenida en reposo durante toda la noche. Por otro el combinado de tinturas de equinácea, salvia, romero y mirra, mezcladas a partes iguales, y disueltas en agua, de la que tomaremos 5 cucharaditas para hacer gárgaras y que también es posible ingerir.

Las pastillas de equinácea se recetan para fortalecer las defensas y como remedio preventivo contra las infecciones como el catarro y la gripe. Basta el equivalente a 500 mg al día.

TISANA PARA RESFRIADOS Y GRIPE

Combinamos media cucharada de postre de raíz de equinácea, hojas de menta, hisopo y milenrama, flores de saúco y bayas de schisandra *(Schisandra chinensis)*, por litro de agua.

Vertemos el agua hirviendo sobre la hierba y dejamos a fuego lento durante un cuarto de hora. Filtramos y bebemos un vaso, bien caliente, cada tres o cuatro horas.

AJO *Allium sativum*

Elixir de salud

La ciencia ha confirmado las múltiples posibilidades curativas del ajo para plantar cara a todo tipo de infecciones, sean respiratorias o digestivas, y como un aliado muy eficaz ante los problemas circulatorios.

AJO SILVESTRE
El ajo cultivado es una más de las 400 especies del género *Allium*. El silvestre crece sobre suelos arenosos, y procede de Asia Central

Pocas plantas hay tan completas y con tantas posibilidades terapéuticas como el ajo. Es un remedio al alcance de todos los hogares para enfrentarse a un buen número de problemas de salud corrientes, desde infecciones pectorales de todo tipo, como el catarro, la gripe y la bronquitis, a trastornos urinarios y problemas de la piel. Actúa sobre el sistema digestivo y facilita la expulsión de los parásitos intestinales. Pero su virtud más destacable es como regulador sanguíneo. El ajo mantiene la sangre fluida, disminuyendo la coagulación, por lo que previene contra las embolias, reduce los niveles del colesterol y mantiene a raya los niveles de tensión arterial. Protege al organismo, por tanto, contra las complicaciones cardiovasculares y se revela como un remedio muy valioso para tratar la hipertensión. Al reducir los niveles de azúcar en la sangre está indicado también para los diabéticos. En suma, es un excelente remedio vascular que incide además como refuerzo del sistema inmunitario, aumentando las defensas. Su gran versatilidad lo convierte en un elemento de fácil inclusión en la dieta, en combinación con muy diversos guisos, lo que facilita que podamos beneficiarnos de sus grandes posibilidades curativas. Ahora bien, el ajo crudo es mucho más eficaz que el cocido.

Leyendas y tradiciones

En la antigua Grecia el ajo se consideraba una fuente inagotable de fortaleza física y por ello se ofrecían dientes de ajo a los atletas para que corrieran con mayor vigor en las pruebas olímpicas. Aunque por otro lado también se hace la broma de que el atleta que lo masticaba conseguía mantenerse el primero al no haber nadie que pudiera soportar su aliento. En Grecia y también en Egipto lo plantaban en los cruces de caminos como señal de protección contra posibles maleficios. En la Edad Media se utilizaba para combatir la peste y los médicos se aplicaban una mascarilla con ajo para atender a los apestados.

REMEDIOS

CONTRA LA INFLAMACIÓN DE AMÍGDALAS

Machacamos un par de dientes de ajo y los vertemos en el zumo de un limón caliente. Para disimular su mal sabor hay puede endulzarse con miel.

AJOS CRUDOS

Remedio sencillo para estimular la circulación y prevenir las enfermedades coronarias: se mastican uno o dos dientes de ajo (no más) cada mañana.

Los ajos crudos, en uso externo, pueden usarse contra el acné, las verrugas, los granos y las callosidades. La solución es frotar repetidamente el área con un diente de ajo.

VINAGRE ANTIPARÁSITOS

Echamos 4 cabezas de ajo en medio litro de vinagre y, con ayuda de una batidora, formamos una masa homogénea. Depositamos la masa en un recipiente cerrado y la mantenemos en maceración durante un mínimo de dos semanas, a temperatura ambiente. Pasado ese tiempo, colamos y, para suavizar el gusto, podemos añadir una pizca de miel o azúcar. Se recomiendan tres cucharadas de postre al día.

Para expulsar los oxiuros, herviremos cinco dientes de ajo en 1/4 de litro de leche, y daremos al niño un vaso cada mañana, en ayunas.

DATOS DE INTERÉS

Aspectos ecológicos
Procede del Asia Central, pero se cultiva en Europa desde tiempos remotos.

Descripción
Planta bulbosa de hasta 30 cm de alto, con las hojas alargadas y las flores blancas o rosa pálido. Raíz en bulbo, compuesto de varios gajos o dientes.

Recolección y conservación
Los bulbos se recolectan tradicionalmente a principios del verano y se secan a la sombra en lugares frescos y ventilados.

Propiedades
Hipotensor, anticoagulante, hipoglucemiante, antiagregante plaquetario, inhibe la síntesis del colesterol y los triglicéridos, antibiótico, antiviral, expectorante, sudorífico, digestivo, depurativo, carminativo, diurético, vermífugo, antiséptico, antiinflamatorio, estimulante.

Indicaciones
Hipertensión arterial, trastornos circulatorios como trombosis y embolias, prevención de la arteriosclerosis, niveles altos de colesterol, diabetes, trastornos urinarios como cistitis, uretritis y ureteritis, artritis, reumatismo, catarros, gripe, sinusitis, bronquitis, laringitis y otras infecciones respiratorias, otitis, asma, alergias, indigestiones, parásitos intestinales, acné, forúnculos, herpes, infección por hongos, heridas sangrantes de la piel, hemorragias uterinas.

Principios activos
Aceite esencial con aliína, garlicina y ajoeno (sustancia responsable del olor característico del ajo), sales minerales, vitaminas.

Plantas con las que combina
Equinácea, limón, eucalipto, tomillo, lavanda, jengibre, comino, cilantro, canela, olivo, espino blanco, vincapervinca, ginkgo.

Presentaciones
Ajo fresco y hervido, polvos, tintura, extracto seco, aceite esencial.

Precauciones
- Se deben evitar a toda costa dosis elevadas, especialmente de ajo crudo o en extracto seco.
- No se recomiendan dosis altas durante el embarazo y la lactancia.

El estimulante más natural

Esta prodigiosa raíz de Corea y China, con fama de afrodisiaca, es uno de los estimulantes naturales más efectivos que existen. Resulta ideal para combatir la ansiedad, recobrar el vigor y fortalecer la agilidad mental.

Personas enfrentadas a situaciones difíciles, de estrés prolongado, fatiga por un exceso de trabajo o exámenes, temor y desmotivación encuentran en el ginseng un tónico estimulante incomparable. La más conocida y valorada de las plantas orientales se revela como un magnífico estimulante del sistema nervioso central que ayuda a adaptarse a las dificultades, enfrentarse con vigor a los problemas y resistir el embate de las enfermedades. El ginseng mejora la actividad mental, activando la memoria y la capacidad de concentración y por ello se considera que ayuda a frenar los síntomas del envejecimiento. Facilita el incremento de espermatozoides y hormonas, favoreciendo la frecuencia de la erección en el hombre y la excitación de los órganos sexuales femeninos. El ginseng es por naturaleza una planta acostumbrada a medrar en medios ambientes difíciles, una característica que se transmite a quien lo toma. Es lo que se denomina una planta *adaptógena*, pues ayuda a adaptarse a situaciones de fatiga, de estrés tanto físico como mental, e incluso a rigores climáticos y al hambre.

EL CULTIVO DEL GINSENG
El ginseng tarda de cinco a seis años en madurar. La raíz se cosecha en otoño y se cuece al vapor antes de secarla.

Leyendas y tradiciones

Su nombre genérico, *Panax*, del griego *Panakos* (panacea), indica lo que los propios chinos y coreanos dicen de ella, que es un remedio sublime para todo tipo de males. Su denominación nativa, *Ren chen* hace referencia a la fusión del hombre y la tierra.

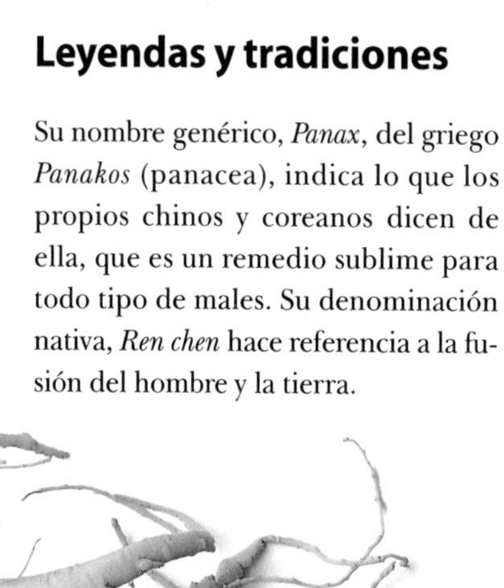

LA RAÍZ
Ginseng significa *raíz del hombre*, lo que alude a sus poderes como estimulante de la virilidad masculina y a su forma.

REMEDIOS

TÓNICO ESTIMULANTE

Esta fórmula resulta idónea en casos de debilidad general, en especial para pacientes de edad avanzada. Para elaborarla se mezcla raíz de ginseng en polvo con jugo de jengibre crudo y miel. Se hierve y luego se disuelve en caldo de arroz o en agua, y se toma hasta tres veces al día. Como vigorizante, también es posible tomar el ginseng crudo, dejando que un trozo se disuelva en la saliva, y masticando los restos que queden en la boca, para aprovechar así sus principios activos.

PASTILLAS CONTRA EL ESTRÉS

Útil para el agotamiento nervioso y la ansiedad. Tomar el equivalente a 500 mg al día durante una semana, y después de manera más espaciada.

VIGORIZANTE SEXUAL

Un remedio chino muy usual es echar 1 gramo de raíz de ginseng en la sopa de verduras y acostumbrarse a tomarla cada día.

APOYO A LA FERTILIDAD

Se mezclan 30 gramos de tintura de raíz de ginseng con 15 gramos de la tintura de avena fresca y hojas de frambueso. Se recomienda tomar con ayuda de un cuentagotas, tres gotas dos veces al día.

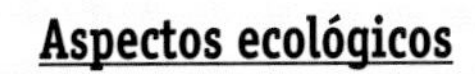

DATOS DE INTERÉS

Aspectos ecológicos

Se conocen varias especies de ginseng: El rojo o coreano, considerado el más rico en principios activos. El chino, que crece en China meridional e Indochina. El ruso o siberiano, que se cultiva con fines medicinales. Y finalmente el ginseng americano, que crece en el sudeste de Canadá.

Descripción

Planta herbácea de hasta un metro de alto, con el tallo esponjoso, hojas compuestas ovales y flores diminutas, de color púrpura o verdoso.

Recolección y conservación

Se recolecta la raíz en el cuarto o quinto año de vida de la planta. Se debe lavar y cocer al vapor antes de poner a secar. Una vez troceada, se presenta como trozos de tonos ocres pálidos y de sabor ligeramente amargo.

Propiedades

Adaptógeno, estimulante, tónico nervioso, tónico cardiaco, antiestrés, hipoglucemiante, hepatoprotector, afrodisiaco.

Indicaciones

Estrés, ansiedad, fatiga física y psíquica, debilidad general, astenia primaveral, anemia, inmunodeficiencias, convalecencias, hipotensión, impotencia, eyaculación precoz.

Principios activos

Ginsenósidos, panaxanos, aceite esencial, fitosteroles, fitoestrógenos, sales minerales, vitamina B.

Plantas con las que combina

Romero, eleuterococo, cola, damiana, té verde, salvia, manzanilla, jengibre, caléndula, frambueso y onagra.

Presentaciones

Decocción, tintura, extractos seco y fluido, polvos, vino de ginseng, licores, goma de mascar, raíz cruda.

Precauciones

- No exceder las dosis al tratarse de un estimulante, ni tomarlo durante periodos prolongados, ni combinar con café o té.
- Puede generar inquietud, nerviosismo y elevar la tensión sanguínea.

Índice de Remedios

Éstas son todas las recetas que se describen en esta obra, agrupadas por sus indicaciones principales y según la planta que les da nombre.

Índice de Plantas

Relación de las plantas medicinales tratadas en este manual, ordenadas por su nombre común y científico.

NOMBRES COMUNES

NOMBRES LATINOS

Glosario de dolencias

Este glosario recoge los términos médicos que aparecen en este monográfico y pretende facilitar su comprensión a través de una definición asequible.

A

Afta: Llaga en la boca, de coloración blanquecina.

Amenorrea: Falta de menstruación.

Amigdalitis: Inflamación de las amígdalas, la glándula situada entre los pilares anteriores y posteriores del paladar.

Anemia: Deficiencia en hemoglobina, debida muchas veces a la carencia de hierro.

Anorexia: Ausencia de apetito, debida a problemas emocionales.

Asma: Enfermedad que afecta las vías respiratorias, especialmente los bronquios, y que se manifiesta con accesos de tos y dificultades para respirar.

Arteriosclerosis: Lesión de la pared de las arterias pequeñas y medianas que comporta pérdida de elasticidad.

Artritis: Inflamación de los tejidos de las articulaciones.

Artrosis: Dolencia degenerativa que afecta a los cartílagos de las articulaciones, y se localiza en caderas, rodillas, hombros y columna.

B

Blefaritis: Inflamación del párpado.

Bronquitis: inflamación de los bronquios, ramificación de conductos respiratorios que a través de nuevas ramificaciones o bronquiolos conducen el aire a los pulmones.

C

Cálculos biliares: Masas de consistencia pétrea que se forman en los conductos biliares.

Cirrosis hepática: Trastorno grave del hígado, que daña a los tejidos, produciéndose una fibrosis.

Cistitis: Inflamación de la vejiga urinaria.

Conjuntivitis: Inflamación de las mucosas de los ojos.

D

Diabetes: Enfermedad que se caracteriza por un aumento de glucosa en la sangre, provocada por una falta o carencia de insulina.

Dismenorrea: Menstruación dolorosa.

E

Eccema: Inflamación de la piel con enrojecimiento, escamación o prurito.

Edema: Acumulación excesiva de líquidos en los tejidos.

Embolia: Obstrucción de un vaso sanguíneo arterial o venoso a causa de un coágulo o cuerpo extraño circulando por la corriente sanguínea.

Endometriosis: Migración de las células de las paredes uterinas hacia el exterior del útero, que puede comportar quistes y dolor.

Enuresis: Emisión involuntaria de la orina, que se da especialmente en los niños.

Epilepsia: Enfermedad caracterizada por accesos más o menos frecuentes de convulsiones y pérdidas de conocimiento.

F

Faringitis: Inflamación de la faringe, el órgano donde se cruza la vía respiratoria y la digestiva.

Flebitis: Inflamación de una vena.

Forúnculo: Inflamación localizada en el aparato pilosebáceo de la piel.

G

Gastritis: Inflamación de la mucosa gástrica.

Gastroenteritis: Inflamación aguda del estómago y los intestinos, provocada por infecciones o como efecto secundario de determinados medicamentos.

Gingivitis: Inflamación de las encías.

Gota: Inflamación de las articulaciones causada por la acumulación de depósitos cristalinos en cartílagos y tendones.

H

Hemorroides: La aparición de venas hinchadas en las paredes del ano.

Hipertensión arterial: Es la tensión sanguínea más alta de lo normal, que provoca un estrechamiento de las paredes de las arterias.

I

Ictericia: Coloración amarillenta de la piel debida a un exceso de bilirrubina en la sangre.

Incontinencia: Emisión involuntaria de orina.

L

Laringitis: Inflamación de la laringe, conducto respiratorio situado entre la faringe y la tráquea.

M, N

Menorragia: Flujo menstrual anormalmente abundante.

Migraña: Dolor de cabeza pulsante de localización lateral.

Neuralgia: Dolor resultante de la inflamación de un nervio.

O

Oliguria: Escasez en la emisión de orina.

Otitis: Inflamación o infección del oído externo.

Oxiuro: Parásito intestinal que ataca la parte final del tubo digestivo del hombre, especialmente en los niños.

P

Prostatitis: Inflamación de la próstata, glándula situada bajo la vejiga que elabora el semen.

Prurito: Sensación de picor que incita a rascarse.

Psoriasis: Dermatitis crónica caracterizada por una descamación de la piel.

S, T

Sabañón: Hinchazón en manos y pies provocada por una mala circulación.

Tos ferina: Tos violenta y convulsiva.

Toxina: Agente tóxico para el organismo.

U

Úlceras: Llagas muy dolorosas que aparecen en el estómago o intestino.

Ureteritis: Inflamación de los uréteres, conductos urinarios entre el riñón y la vejiga.

Uretritis: Inflamación de la uretra, conducto secretor de la vejiga.

V

Varices: Venas hinchadas que aparecen en las piernas.

Libros de interés

Existe una amplísima bibliografía sobre plantas medicinales. Éstos son algunos de los títulos más interesantes en castellano:

VADEMECUM DE PRESCRIPCIÓN. PLANTAS MEDICINALES
Varios autores. Ed. Masson, 1998.
Obra imprescindible, que analiza de un modo esquemático y riguroso las posibilidades medicinales de 500 plantas. Ofrece una amplia relación de las presentaciones más comunes, así como fórmulas magistrales para un buen número de patologías, relaciones exhaustivas de plantas para cada dolencia o enfermedad y la referencia de productos y preparados que se encuentran en el mercado español

PLANTAS MEDICINALES. EL DIOSCÓRIDES RENOVADO
Pío Font i Quer. Ed. Labor, 1985
Un clásico insustituible sobre plantas medicinales, que se basa en las primeras investigaciones aportadas por el sabio griego del siglo I Dioscórides, enriquecidas con las aportaciones posteriores de expertos fitoterapeutas de toda Europa, y la experiencia personal del propio doctor Font i Quer. Es especialmente riguroso en los aspectos históricos, tradicionales y botánicos.

HIERBAS PARA LA SALUD
Kathi Keville. Ed. Oniro, 1997
Amplio repaso de enfermedades y dolencias que afectan a la salud humana y la manera cómo las plantas aportan su efecto reparador, redactado en un lenguaje ameno y directo. Incluye un buen número de recetas prácticas.

ENCICLOPEDIA DE LAS PLANTAS MEDICINALES
Andrew Chevalier. Acento Ed, 1996
Una de las obras más modernas y actualizadas sobre plantas medicinales, con excelentes fotografías. Incluye usos tradicionales e históricos y curiosidades, amplios capítulos sobre el desarrollo de la herboristería a lo largo de la historia, las diferentes tradiciones herboristeras en el mundo, explicaciones prácticas sobre recolección, preparados y aplicaciones de las plantas medicinales, así como un apartado esquemático por dolencias, ofreciendo remedios para cada caso.

GRAN ENCICLOPEDIA DE PLANTAS MEDICINALES.
Dr. Josep Lluís Berdonces. Tikal Ediciones
Exhaustiva selección de casi 700 plantas ordenadas alfabéticamente, a modo de fichas prácticas, de fácil consulta, con datos esquemáticos de virtudes y aplicaciones. Incluye amplios apartados sobre historia de la fitoterapia, consejos para la elaboración de los distintos remedios y las referencias aportadas para cada planta por los antiguos herboristas de la historia.

LOS REMEDIOS DE LA ABUELA
Josep Ferrán y Trinidad Ferrando.
Ed. Hogar del Libro, 1987. Tres tomos.
Selección de las plantas medicinales de mayor uso, con remedios prácticos muy asequibles para un buen número de dolencias comunes.

ENCICLOPEDIA ILUSTRADA DE REMEDIOS NATURALES
Dr. C. Norman Shaely. Ed. Könemann, 1999.
Atractiva y práctica enciclopedia visual que hace un recorrido pormenorizado a través de los remedios tradicionales de la medicina ayurveda, la fitoterapia china, los remedios populares y domésticos y los que nos ofrece la fitoterapia occidental, sin olvidar las posibilidades curativas de la homeopatía y la aromaterapia.

PLANTAS MEDICINALES EN CASA
Penelope Ody. Ed. Blume, 1996.
Guía práctica, muy visual y efectiva, que hace un repaso de las dolencias más comunes a lo largo de la vida y ofrece las posibilidades curativas de las plantas en cada caso. Incluye una selección esquemática de plantas medicinales y un apartado que las agrupa por grupos de dolencias, aportando recetas prácticas.

PLANTAS MEDICINALES, BAYAS Y VERDURAS SILVESTRES
Grau, Jung, Münker. Ed. Blume, 1984.
Guía práctica de natulareza, que abunda en los aspectos botánicos y ecológicos de las plantas medicinales y que incluye referencias esquemáticas a los usos terapéuticos.

PLANTAS SILVESTRES COMESTIBLES
Roy Genders. Ed. Blume, 1988.
Selección de 250 plantas comestibles, tratadas individualmente y sus posibilidades nutricionales.

EL GRAN LIBRO DE LAS PLANTAS MEDICINALES
M. Pahlow. Ed. Everest, 1985
Todo un clásico de la fitoterapia alemana, que hace una amplia selección de plantas medicinales, distribuidas entre autóctonas y exóticas, consejos prácticos y recetas antiguas, ilustrado con bellas y detalladas fotografías.

PLANTAS MEDICINALES PARA LA MUJER
Anna McIntyre. Ed. Paneta, 1994
Magnífica selección de las plantas con mayores poderes y aplicaciones para fortalecer la salud de la mujer, que incluye remedios prácticos para las dolencias más usuales.

CURARSE CON PLANTAS MEDICINALES
Integral, 1999.
Ilustrado a todo color, ofrece remedios herbales para cada tipo de dolencia y cómo preparar las hierbas de manera óptima.

CONOCER LAS PLANTAS MEDICINALES
Integral, 1998.
Guía visual de las plantas medicinales más comunes y beneficiosas para la salud, con fotografías en color.

EL SANO PLACER DE LAS TISANAS
Ramon Rosselló. Integral, 1996.
Recetas para preparar tisanas e infusiones que no sólo son saludables sino que suponen un placer para el paladar.

Autores de las fotografías

FOTOGRAFOS: Becky Lawton: portada dcha. **Antoni Agelet**: 27 sup, 50 inf dcha, 55 sup, 58 inf izda, 59 sup dcha, 65 izda, 77 dcha, 78 sup izda, 79, 88 sup izda, 91 inf centro, 98 sup izda, 118. **Oriol Alamany**: 37 izda, 45 izda, 48 sup izda, 51 sup dcha, 57 izda, 62, 68 central, 76 sup izda, 90 sup dcha, 99 sup izda. **Josep Maria Barres**: portada sup izda, 26 central e inf, 40 sup izda, 41 inf izda, 43 inf, 58 inf dcha, 69 sup izda, 81 sup centro, 85 sup, 87, 90 sup izda, 90 centro, 93 inf dcha, 96 sup izda, 98 sup dcha, 99 inf centro, 102, 104, 105 sup dcha, 106 sup dcha. e izda, 110, 111 izda, 113 sup dcha, 114 inf. **Anna Garcia**: portada inf izda, 89 sup. **Jordi García**: contraportada, 9 sup y paso a paso, 122 inf. **Ramón Gausachs**: 8 inf, 23, 57 dcha, 58 sup izda, 75, 77 izda, 80 centro dcha, 86 izda, 91 sup izda, 101 sup, 115 izda. **Carlos E. Hermosilla**: portada centrales izda, 29 sup, 36, 39 dcha, 48 central izda, 50 sup izda, 53 inf, 68 sup dcha, 71 centro, 80 inf izda, 88 inf dcha, 103 sup, 107 sup dcha, 107 inf izda. **AGENCIAS: Age Fotostock**: 6 inf, 29 inf central, 31 inf dcha, 50 sup izda. **Aisa**: 54, 120 sup. **CD Gallery**: 73 sup. **Conti Foto**: 44, 56 izda. **Cordon Press**: 21 sup, 29 inf dcha. **Cover**: 28 inf, 48 inf dcha. **Fery Press**: 27 inf. **Image Bank**: 26 sup, 49 sup dcha. **Incolor**: 123. **Index**: 60, 67 dcha, 92. **Kobal**: 4, 6 medio, 10 media dcha, 21 inf, 22, 24 central e inf, 25 inf, 27 central, 28 central dcha, 31 sup, 32, 34 inf, 35 izda y dcha, 38 inf, 39 izda, 40 inf, 43 sup, 46 central izda, 49 izda, 50 inf izda, 51 inf dcha, 53 sup, 56 dcha, 61 sup e inf, 67 izda, 68 sup izda, 69 media izda, 71 inf dcha, 74, 81 sup izda, 81 inf dcha, 83 sup e inf, 84, 85 inf, 86 dcha, 88 inf izda, 89 inf, 91 centro dcha, 91 inf izda, 93 centro, 96 inf izda, 98 inf dcha, 99 centro dcha, 101 inf dcha, 103 inf, 106 inf, 107 sup izda, 107 inf dcha, 117 sup, 120 inf, 121. **Marco Polo**: 28 sup y central izda, 38 sup, 41 sup centro y decha, 45 inf, 58 sup dcha, 78 sup dcha, 81 inf izda, 95 sup, 97, 113 izda, 115 dcha. **Roca Sastre**: 69 inf. **Sincronia Audiovisuals**: 47, 63, 76 centro izda. **Stock Photos**: 5, 20, 34 central, 59 inf dcha, 64 sup, 66 sup, 100. **Stone**: 33, 42, 51 central dcha, 52, 70, 82, 108, 116. **Zardoya**: 7.